建筑工程实务与案例系列丛书

绍兴文理学院重点教材

建筑工程项目管理实务与案例

主 编 俞燕飞 王 伟

副主编 李 娜 姜 屏

ZHEJIANG UNIVERSITY PRESS
浙江大学出版社

·杭州·

图书在版编目（CIP）数据

建筑工程项目管理实务与案例 / 俞燕飞，王伟主编.
杭州：浙江大学出版社，2024.10. -- ISBN 978-7-308
-25169-3

Ⅰ. TU712.1

中国国家版本馆 CIP 数据核字第 2024S00P39 号

建筑工程项目管理实务与案例

主　编　俞燕飞　王　伟
副主编　李　娜　姜　屏

责任编辑　王元新

责任校对　徐　霞

封面设计　周　灵

出版发行　浙江大学出版社

　　　　　（杭州市天目山路 148 号　邮政编码 310007）

　　　　　（网址：http://www.zjupress.com）

排　　版　杭州星云光电图文制作有限公司

印　　刷　杭州捷派印务有限公司

开　　本　787mm×1092mm　1/16

印　　张　10

字　　数　225 千

版 印 次　2024 年 10 月第 1 版　2024 年 10 月第 1 次印刷

书　　号　ISBN 978-7-308-25169-3

定　　价　37.00 元

编写人员名单

主　编　俞燕飞　绍兴文理学院

　　　　　王　伟　绍兴文理学院

副主编　李　娜　绍兴文理学院

　　　　　姜　屏　绍兴文理学院

参　编　方　睿　同创工程设计有限公司

　　　　　姚　峰　浙江精工钢结构集团有限公司

　　　　　张　德　上海公路桥梁(集团)有限公司

　　　　　宋林涛　中厦建设集团有限公司

前　言

工程项目是指在一定的约束条件下,具有特定的明确目标和完整组织的一次性工程建设任务或工作。一个工程项目的建成,需要多单位、多部门的参与配合,不同的参与者对同一个工程项目的称呼不同,如投资项目、开发项目、设计项目、工程项目、监理项目等。

工程项目管理是系统研究工程建设活动客观规律和方法的一门学科,融合了工程技术经济、管理、建设法规等众多学科的理论与知识。工程项目管理涉及建设工程项目的全过程、全要素和全方位的管理,为工程建设和使用增值。

工程项目涉及的单位多,各单位之间关系协调的难度和工作量大;工程技术的复杂性不断提高,出现了许多新技术、新材料和新工艺;大中型项目的建设规模大;社会、政治和经济环境对工程项目的影响,特别是对一些跨地区、跨行业的大型工程项目的影响,越来越复杂。这些都导致了工程项目管理的复杂性,以及众多学者对于工程项目管理的内容编排及表现方式,见仁见智,纷纭无从。

本教材在编写过程中,紧紧跟随建筑施工行业的技术发展情况,坚持遵守现行规范的要求并与工程实际相结合,理论联系实际;注重章节内容的实用性及综合性,参考行业相关执业资格考试教材,及时引入行业新知识,确保章节内容与行业需求接轨。此外,本教材注重信息技术在施工项目管理中的应用,详细介绍 BIM(建筑信息模型)技术的应用。

本教材在编写过程中参阅了大量的专业文献和相关公众号文章,在此对相关作者表示由衷的感谢。在本教材的编写过程中,得到了浙江精工钢结构集团有限公司、同创工程设计有限公司、上海公路桥梁(集团)有限公司、中厦建设集团有限公司的大力支持,在此表示诚挚的谢意。

本教材主要作为高等学校土木工程和工程管理等土建类专业的本科教材、土木工程学科相关的研究生辅助教材,也可作为土木工程和工程管理等从业人员的参考用书。由于编者能力有限,虽经努力审核,书中仍难免存在疏漏之处,恳请读者指正,不胜感激。

编者

2024 年 7 月

目　录

第1章　建设工程项目管理概述

▶ 知识目标

了解建筑工程项目和项目管理的概念,熟悉建筑工程项目管理的内容和程序。

▶ 能力目标

掌握建筑工程项目管理的方法和流程、建筑工程项目管理全生命周期理念。

▶ 思政目标

培养学生运用全生命周期理念进行项目管理,树立正确的价值观,注重提升综合素质,在管理中将专业知识和个人能力充分结合。

▶ 思维导图

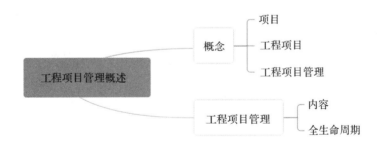

1.1　概　念

1.1.1　工程项目的概念

按项目管理学(Project Management)的基本理论,项目是一种非常规性、非重复性和一次性的任务,且项目通常有确定的目标和确定的约束条件,如时间、费用、质量等。项目是指一个过程,而不是指过程终结后所形成的成果。比如,某个住宅小区的建设过程是一个项目,而建设完成后的住宅楼及其配套设施是这个项目完成后形成的产品。

工程项目,也称作建筑工程项目或土木工程项目,它是指通过特定的工作,以建筑物或构筑物为最终目标产品的活动;也可以表述为:在一定的约束条件下(限定资源、限定时间、限定质量),具有特定的明确目标和完整组织的一次性工程建设任务或工作。一个工程项目的建成,需要多单位、多部门的参与配合,不同的参与者对同一个工程项目的称呼不同,如投资项目、开发项目、设计项目、工程项目、监理项目等。从项目建设程序来看,工程项目属于建筑工程项目建设的实施阶段,是建筑工程项目的核心内容。

工程项目一般具有以下基本特征。

(1)唯一性。尽管同类产品或服务会有许多相似的工程项目,但由于工程项目建设的时间、地点、条件等会有若干差别,都会涉及某些以前没有做过的事情,所以它总是唯一的。例如,尽管建造了成千上万座住宅楼,但每一座都是唯一的。两栋建筑即使按照相同的图纸建设也经常由于地质环境不同或者受到地区经济等影响而不同。

(2)一次性。每个工程项目都有其确定的终点,所有工程项目的实施都将达到其终点,它不是一种持续不断的工作。从这个意义上来讲,它们都是一次性的。当一个工程项目的目标已经实现,或者已经明确知道该工程项目的目标不再被需要或不可能实现时,该工程项目即达到它的终点。一次性并不意味着时间短,实际上许多工程项目要经历若干年,如三峡工程。

(3)项目目标的明确性。工程项目具有明确的目标,用于某种特定的目的。工程项目一般可划分的建设目标是项目分类的依据,同时也是确定项目范围、规模、界限的依据。二程项目的目标分为宏观目标和微观目标。政府主管部门主要审核项目宏观目标的经济、社会、环境效果;企业则更注重工程项目的盈利、树立企业形象等微观目标。例如,政府修建一所希望小学以改善当地的教学条件。

(4)实施条件的约束性。工程项目都是在一定的约束条件下实施的,如项目工期、项目产品或服务的质量、人财物等资源条件、法律法规、公众习惯等。这些约束条件既是评价工程项目的衡量标准,也是工程项目的实施依据。

1.1.2　工程项目管理的概念

项目管理产生于第二次世界大战期间,它作为一门学科和一种特定的管理方法最早起源于美国。早期,美国将项目管理应用于航天工程与开发工业等项目上,如曼哈顿原子计划、北极星导弹计划、阿波罗宇宙飞船载人登月计划及石油化工系统。到了 20 世纪50 年代,随着社会生产力的高速发展,大型及特大型项目越来越多,需要高水平的管理手段和方法,项目管理伴随着实施和管理大型项目的需要得到了迅猛发展,目前已广泛应用于许多领域。工程项目是最普遍、最典型、最为重要的项目类型,项目管理的手段和方法在工程建设领域有着广阔的应用空间;项目管理在工程建设项目中的具体应用,将为加速我国工程建设管理现代化步伐起着巨大的推动作用。

项目管理是指项目管理者在有限的资源约束前提下,运用系统的观点、方法和理论,对项目涉及的全部工作进行有效管理的过程,即对从项目的投资决策开始到项目结束的全过程进行计划、组织、指挥、协调、控制和评价,以实现项目的总体目标。

工程项目管理作为项目管理的一大类,管理对象主要是建设工程。工程项目管理指的是为了使项目取得成功,工程项目的管理主体按照客观经济规律有计划地对工程项目建设全过程进行计划、组织、控制、协调的系统性管理活动。其主要从以下方面进行理解:

工程项目管理的管理对象以工程项目为主,目的是实现项目目标,基础是工程项目管理体制,工程项目管理是在项目实施的全过程进行管理和控制的系统性方法。

工程项目管理的理论基础是现代管理理论和方法,即在项目各阶段进行科学化管理。工程项目管理是依照项目内在规律对项目建设活动进行组织的,自有一套与其相适应的劳动组织与管理体系作为保障。

根据建设工程项目各参与方的工作性质和组织特征的不同,项目可分为业主的项目管理、项目方的项目管理、施工方的项目管理、供货方的项目管理、建设项目总承包的项目管理。其中,业主方是建设工程项目生产过程的总组织者,是项目管理的核心。

工程项目管理的三大基本目标是成本目标、质量目标、进度目标,它们之间是对立统一的关系。要提高质量,就必须增加投资,而赶工是不可能获得好的工程质量的;而且,要加快施工速度,也必须增加投入。工程项目管理的目的就是在保证质量的前提下,加快施工速度,降低工程造价。

1.2　工程项目管理

1.2.1　工程项目管理的内容

工程项目涉及的单位多,各单位之间关系协调的难度和工作量大,工程项目管理的工作非常繁重,必须对工程项目进行全过程、多方面的管理(见图 1-1)。

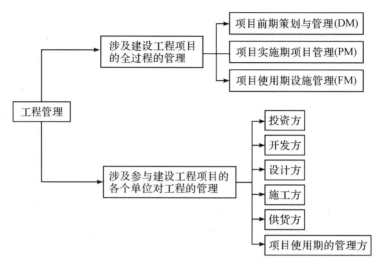

图 1-1　全过程、多方面的工程管理

工程项目管理内容丰富,包括组织、成本、进度、质量、HSE、合同等的管理。归纳起来,就是通过组织协调和合同管理,实现项目的三大目标——质量目标、进度目标和费用目标。其中,合同管理是工程项目管理的核心,它以契约形式规定了签约各方的权利和义务;质量控制、进度控制、费用控制是进行工程项目管理的基本手段,是完成合同规定的任务所必需的工作。

在进行工程项目管理时,具体的管理工作内容又与工程项目管理的主体和范围有关。从工程项目的组织建立、合同管理、质量管理、进度管理和成本管理几个方面来看,建设单位、设计单位和施工单位的工程项目管理内容各有不同。

1.建设单位的工程项目管理

(1)组织建立。主要是选择设计、施工、监理单位、制定工作、组织条例等。

(2)合同管理。起草合同文件,参加合同谈判,签订各项合同,实施合同管理等。

(3)质量控制。提出各项工作的质量要求,进行质量监督,处理质量问题等。

(4)进度控制。提出工程的控制性进度要求,审批并监督进度计划的执行情况,处理进度计划执行过程中出现的问题等。

(5)费用控制。进行投资估算,编制费用计划,审核支付申请,提出节省工程费用的方法等。

2.设计单位的工程项目管理

(1)组织建立。组建设计队伍,制定工作和组织条例,会签、审批、组织设计图纸供应等。

(2)合同管理。与建设单位签订设计合同,与专业工程师签订设计协议或合同,监督各项合同的执行等。

(3)质量控制。保证设计图纸能满足建设单位和施工单位的需要,并符合国家有关法律政策和规定等。

(4)进度控制。制订设计工作进度计划和出图进度计划,并监督执行等。

(5)费用控制。按投资额确定设计内容和投资分配比例,按设计任务确定酬金,控制设计成本等。

3.施工单位的工程项目管理

（1）组织建立。选择项目经理，组织施工队伍，以及材料、设备供应单位，协调劳动力资源等。

（2）合同管理。签订承包合同以及分包合同，进行合同的日常管理等。

（3）质量控制。依据设计图纸施工及验收规范施工，预防质量问题的出现，处理质量事故等。

（4）进度控制。编制并执行工程施工安装进度计划，对比、检查进度计划的执行情况，采取相应措施调整进度计划。

（5）费用控制。编制施工图预算和施工预算，进行工程款的结算和决算以及日常财务管理等。

1.2.2　工程项目管理的全生命周期

任何建设项目都是由两个过程构成的：一是建设项目的实现过程；二是建设项目的管理过程。所以任何建设项目管理都特别强调过程性和阶段性。整个项目管理工作可视作一个完整的过程，并且可将各项目阶段的起始、计划、组织、控制和结束这 5 个具体管理工作视作建设项目管理的一个完整过程。现代建设项目管理要求在项目管理中，根据具体建设项目的特性和项目过程的特定情况，将一个建设项目划分为若干个便于管理的项目阶段，并将这些不同的项目阶段整体视作一个建设项目的生命周期。现代建设项目管理的根本目标是管理好建设项目的生命周期，并且在建设项目产出的过程中，通过开展项目管理来保障项目目标的实现。

工程项目的全生命周期指的是从设想、研究、决策、设计、建造、使用直至项目报废所经历的工程项目的全部时间，一般包括项目的决策、实施、使用（也称运营或运行）三个阶段，同时工程项目的三个阶段还可以进一步细分为更详细的阶段，这些阶段构成了工程项目的全生命周期，如图 1-2 所示。

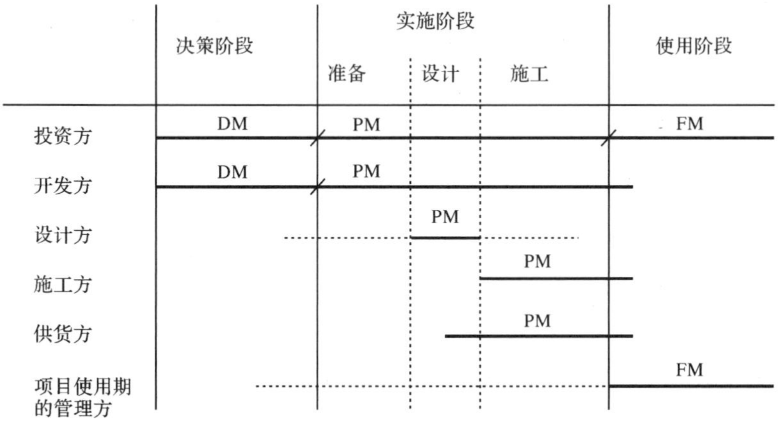

DM 指 Development Management 开发管理

PM 指 Project Management 项目管理

FM 指 Facility Management 设施管理、使用阶段（或称运营、运行阶段）的管理

图 1-2　工程项目全生命周期

图 1-2 中各参与方主要负责的工作如下。

(1)投资方:参与项目全寿命的管理。

(2)开发方:主要参与项目决策阶段、开发阶段和实施阶段。

(3)设计方:按照项目的设计任务书完成项目的设计工作,并参与主要材料和设备的选型,在施工过程中提供技术服务。

(4)施工方:按照施工承包合同要求完成工程施工任务,交付使用,并完成工程保修义务。它的工作在项目的生命周期中主要是实施阶段。

(5)供货方:一般在开发阶段的后期,根据业主和设计方要求的主要材料和设备的选型,通过投标或商务谈判取得主要材料或设备供应权,按照供货合同要求在实施阶段提供项目所需的质量可靠的材料和设备。它的工作在项目的生命周期中主要是在开发阶段的后期和实施阶段。

(6)经营单位:一般由投资方组建或其委托的经营单位,进行项目运营阶段的管理。它的工作在项目的生命周期中主要是从项目建设竣工验收、交付使用开始,到投资合同结束或项目消亡为止。

(7)监理(咨询)公司:针对不同的项目、面对不同的业主,它在项目的生命周期内承担不同的任务。

工程项目全生命周期管理的作用和意义可以归纳为:

(1)从工程项目的整体出发,反映项目全生命周期的要求,保证项目目标的完备性和一致性。

(2)在工程项目全生命周期中能够形成连续、系统的管理组织责任体系,保证项目管理的连续性和系统性,极大地提高项目管理的效率,改善项目的运行状况。

(3)形成新的工程项目全生命周期管理的理念,能够提升项目管理的目标体系、项目管理者的伦理道德、项目管理者对历史和社会的使命感。

(4)促进项目管理的理论和方法的改进。

(5)能够改进项目的组织文化,促进项目组织的内、外部交流。

本章小结

1.内容

(1)主要内容:项目、工程项目、工程项目管理的概念;工程项目管理的内容和全生命周期。

(2)重点:工程项目和工程项目管理的含义。

(3)难点:工程项目管理全生命周期。

2.要求

熟悉工程项目和工程项目管理的概念;了解工程项目管理全生命周期的概念,并将全生命周期思想运用到工程项目管理的各项内容中。

思考练习

1.选择题

(1)PM 是指(　　)的管理。

A.开发阶段　　　　B.决策阶段　　　　C.实施阶段　　　　D.运营阶段

(2)项目全寿命管理的参与方是(　　)。

A.施工方　　　　B.投资方　　　　C.咨询单位　　　　D.开发方

2.判断题

(1)已建成的医院是一个建设项目。　　　　　　　　　　　　　　(　　)

(2)某建设中的住宅小区存在多个相同户型的楼盘,这说明完全相同的项目是存在的,即项目可重复。　　　　　　　　　　　　　　　　　　　　　　(　　)

习题解答

第一章　习题答案

第2章 建设工程项目组织管理

知识目标

了解建设工程项目组织管理的概念,熟悉建设工程项目组织结构的类型。

能力目标

掌握建设工程项目组织结构设计流程、常用基本组织结构模式。

思政目标

培养学生运用市场经济规律和技术规律的能力,树立敬业爱岗思想,自觉遵守行业规范,在管理中学会利用现代化技术手段、以人为本。

思维导图

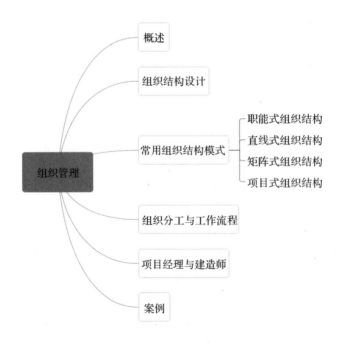

2.1　建设工程项目组织概述

2.1.1　组织的概念

"组织"是按照一定的目标和系统建立起来的一个团体,是构成整个社会经济系统的基本单位。系统可大可小,一所学校、一家企业、一个社团或一个建设项目都可以成为一个系统,但各种系统运行的方式是不一样的。日常工作中的组织是指按一定领导体制、部门设置、层次划分、职责分工、规章制度和信息系统等构成的有机整体,是若干人的集合体,可以完成一定的任务,并为此而处理人和人、人和事以及人和物的关系。

项目组织是从事项目具体工作的组织,是由项目的行为主体构成的,为完成特定的项目任务而成立的一次性的临时组织。项目组织的设计与建立,是指经过筹划、设计,建成一个可以完成项目管理任务的组织机构,建立必要的规章制度,划分并明确岗位、层次以及部门的责、权、利,建立和形成管理信息系统及责任分工系统,并通过一定岗位和部门内人员的规范化活动和信息流通实现组织目标。

工程项目组织是指为完成整个工程项目分解结构图中的各项工作的个人、单位、部门等按一定的规则或规律构成的群体。如勘察单位承担了工程勘察的工作(见图 2-1),其组织即为"勘察项目组织";施工承包单位承担了施工的工作(见图 2-2),其组织即为"工程施工项目组织"等。

图 2-1　勘察工作

图 2-2　基础施工工作

2.1.2　组织论和组织工具

组织论是一门学科,是项目管理的基础理论学科,其研究内容包括组织结构模式、组织分工和工作流程组织,如图 2-3 所示。

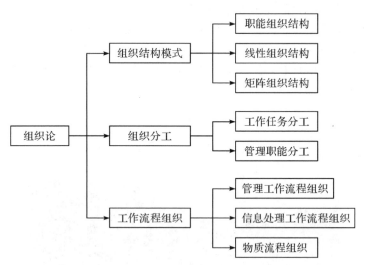

图 2-3　组织论的研究内容

组织工具就是组织论的应用手段,主要包括项目结构图、组织结构图、工作任务分工表、管理职能分工表和工作流程图等。某学校建设项目的项目结构如图 2-4 所示,某体育中心建设项目组织结构如图 2-5 所示。

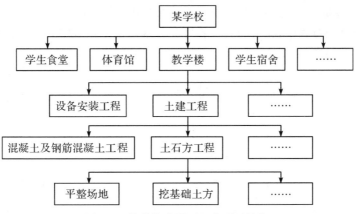

图 2-4　某学校建设项目的项目结构

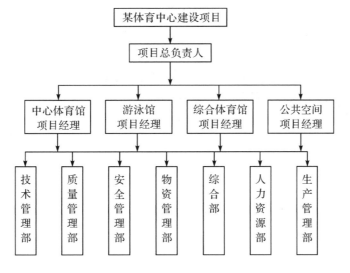

图 2-5　某体育中心建设项目组织结构

2.2　建设工程项目组织结构设计

2.2.1　组织结构的构成因素

组织结构由管理层次、管理跨度、管理部门、管理职责四个因素组成,这些因素相互联系、相互制约,因此在进行组织结构设计时,应考虑这些因素之间的平衡与衔接。

1.管理层次

管理层次是从最高管理者到最底层操作者之间等级层次的数量。管理层次多,信息传递速度慢,并且容易失真。层次越多,所需要的人员和设备就越多,协调的难度也就越大。

在工程项目全过程中,相关的管理者可分为战略决策层、战略管理层、项目管理层和项目实施层4个层次,如图2-6所示。

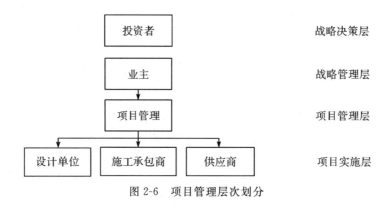

图 2-6   项目管理层次划分

2.管理跨度

管理跨度也称管理幅度,是指一个上级管理者能够直接管理的下属的人数。

跨度加大,管理的人员及接触关系的数量增多,处理人与人之间关系的数量随之增大,管理者所承担的工作量也随之增大,参考公式如下:

$$C = N\left(2^{N-1} + N - 1\right)$$

式中:C——可能存在的工作关系数;

N——管理跨度。

确定管理跨度应考虑以下几个影响因素:管理者所处的层次、被管理者的素质、工作性质、管理者的意识、组织群体的凝聚力等。

3.管理部门

项目的总目标需经任务分解划分成一定数量的具体任务,然后把性质相似或具有密切关系的具体工作合并归类,建立起负责各类工作的相应管理部门,并将一定的职责和权限赋予相应的单位或部门,这些部门称为管理部门。

项目管理组织的划分常用的是按职能划分和按产品划分两种,按职能划分的项目组织如图2-5所示,按产品划分的项目组织如图2-7所示。

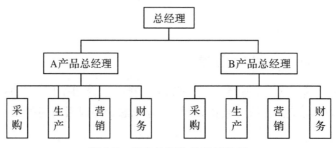

图 2-7   按产品划分的项目组织

4.管理职责

职责是责、权、利组成系统的核心。职责的确定应目标明确,有利于提高效率,而且应便于考核。在明确职责时应坚持专业化的原则,这样有利于提高管理的效率和质量。同时应授予管理者与职责相应的权力和利益,以保证和激励部门完成其职责。某地产项目工程部经理管理职责说明书如表 2-1 所示。

表 2-1　某地产项目工程部经理管理职责说明书

职位名称	工程部经理	所属部门	工程管理中心
直接上级	工程管理中心经理	直接下级	现场施工代表
平行关系	合约审算部经理、采购部经理、维修部经理	职位数量	1
职位目的	协助工程技术部总经理完成工程技术管理相关工作		
管理职责	• 负责依据公司的规章制度对本部门人员进行管理 • 负责技术档案和技术资料管理 • 参与公司 ISO 9000 质量管理;负责公司工程技术管理规章制度的制定与汇编工作 • 协助人事部负责公司有关专业技术干部培训的技术要求等信息的提供工作;组织工程管理中心工程技术人员的技术交流 • 组织场地地勘,控制地勘方工作进度与质量 • 参与项目规划和建筑方案设计,提出工程意见 • 组织施工图设计,控制设计进度和质量,组织施工图送审 • 配合工程管理中心副总经理组织招投标,择优选择施工方、监理方,签订施工、监理协议 • 组织设计交底、图纸会审活动 • 评审施工方施工组织计划、监理方监理规划等业务文件 • 巡查工地,组织工地质量、安全检验活动 • 组织工地例会,协调各施工方的施工活动,控制施工进度 • 组织和控制工地现场工程计量、签证、材料核价、工程结算等造价活动 • 处理工地现场发生的问题,根据实际情况确定处理措施并组织执行 • 组织工程档案的收集整理,评审施工方提交的竣工资料 • 组织工程的综合验收 • 根据公司组织结构调整、部门职责的重新分配及业务的重组等要求,定期或不定期对公司业务流程进行优化 • 对部门工作计划的执行进行监督,并加以控制		

2.2.2　项目组织结构设计的程序

在设计组织结构时,首先需要确定项目管理目标。明确组织目标是组织设计和组织运行的重要环节。项目目标决定项目管理目标。大部分工程项目目标主要集中在工期、质量、成本三大目标上。这些目标不是集中实现的，需要通过项目层次划分，根据项目特点来分阶段逐一实现。某学校建设项目的项目结构层次划分如图 2-8 所示。其次是确定工作内容。根据管理目标来确定实现目标所必须完成的工作，并对这些工作进行分类和组合。之后再确定组织结构形式，确定岗位职责、职权。根据项目的性质、规模、建设阶段的不同，可以选择不同的组织结构形式以适应项目管理的需要。根据组织结构形式和例行性工作确定部门和岗位以及相应的职责，并根据责、权、利一致的原则确定其职权。再以规范化、程序化的要求确定各部门的工作程序，规定它们之间的协作关系和信息沟通方式，即制定一系列管理制度。然后按岗位职务的要求和组织原则，选配合适的管理人员，关键是各级部门的主管人员。人员配备是否合理直接关系组织能否有效运行、组织目标能否实现。最后应根据授权原理将职权授予相应的人员。

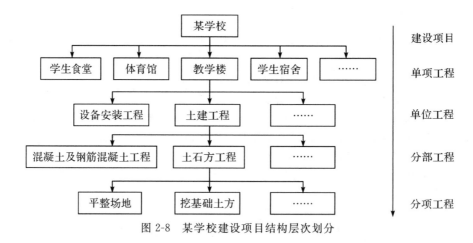

图 2-8　某学校建设项目结构层次划分

项目组织结构设计的程序可按图 2-9 所示的程序进行。

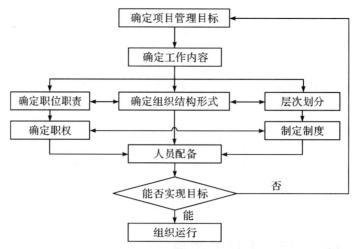

图 2-9　组织结构设计的程序

2.3　常用基本组织结构模式

组织结构模式又称组织结构形式,是组织各要素相互联结的框架形式。组织结构模式能用组织结构图来表达。项目组织结构可按组织的结构分类或项目组织与企业组织的联系方式分类。

常见的组织结构模式包括职能式(部门控制式)组织结构、线性(直线式)组织结构、项目式组织结构和矩阵式组织结构等。这些组织结构模式既可用于企业管理,也可用于建设项目管理。

2.3.1　职能式组织结构

职能式组织结构是在泰勒的管理思想的基础上发展起来的一种项目组织形式,是一种传统的组织结构模式。它特别强调职能的专业分工,因此组织系统是以职能为划分部门的基础,把管理的职能授权给不同的管理部门。职能式组织结构也称部门控制式组织结构,是指按职能原则建立的项目组织,通常指项目任务以企业中现有的职能部门作为承担任务的主体组织完成项目。一个项目可能由某一个职能部门负责完成,也可能由多个职能部门共同完成,各职能部门与项目相关的协调工作需在职能部门主管这一层次上进行。职能式组织结构如图 2-10 所示。

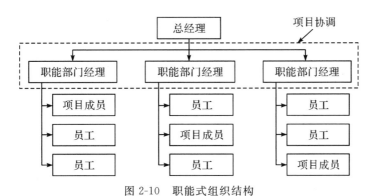

图 2-10　职能式组织结构

在职能式组织结构中,将项目任务分配给相应的职能部门,职能部门经理对分配到本部门的项目任务负责。职能式组织结构适用于任务相对比较稳定、明确的项目工作,但不同的部门经理对项目在各个职能部门的优先级有不同的观点,所以分配到某些部门的工作可能由于缺乏其他部门的协作而被迫推迟。

1.职能式组织结构的优点

各职能部门的工作具有很强的针对性,可以最大限度地发挥人员的专业才能。如果各职能部门能相互协作,将对整个项目的完成起到事半功倍的效果。

2.职能式组织结构的缺点

项目信息传递途径不畅,容易形成多头领导(见图 2-11),工作部门可能会接到来自不同职能部门的互相矛盾的指令。不同职能部门之间有意见分歧、难以统一时,互相协调存在一定的困难。职能部门直接对工作部门下达工作指令,导致项目经理对工程项目的控制能力在一定程度上被弱化。

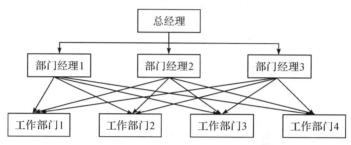

图 2-11　职能式组织结构多头领导示意

2.3.2　直线式组织结构

在直线式组织结构中,每一个工作部门只能对其直接的下属部门下达工作指令,不能越级指挥,每一个工作部门也只有一个直接的上级部门,如图 2-12 所示。直线式组织结构的特点是每一个工作部门只有一个指令源,避免了由于矛盾的指令而影响组织系统的运行,同时权力系统自上而下形成直线控制,权责分明。通常独立的项目和单个中小型工程项目都采用直线式组织形式。

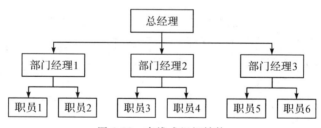

图 2-12　直线式组织结构

1.直线式组织结构的优点

项目参加者的工作任务、责任、权力明确,指令唯一,这样可以减少扯皮和纠纷,协调方便,具有独立组织的优点。项目经理能直接控制资源,向客户负责。信息流通快,决策迅速,项目容易控制。项目任务分配明确,责权利关系清楚。

2.直线式组织结构的缺点

当项目规模较大时,需将项目划分成若干子项目,或者项目数量较多时,每个项目(子项目)均应对应一个独立完整的组织结构,使企业资源不能达到合理使用。项目经理责任较大,一切决策信息都集中于他处,对其决策能力、知识体系、经验等要求较高,易造成决策困难、缓慢,甚至出错。由于权力争执会使单位之间合作困难,不能保证项目参与单位之间信息流通的速度和质量。企业的各项目间缺乏信息交流,项目之间的协调、企业的计划落实和控制比较困难。在直线式组织中,如果专业化分工太细,就会造成多级分包,进而造成组织层次的增加。

2.3.2　项目式组织结构

项目式组织结构也称工作队式组织结构,是指公司首先任命项目经理,由项目经理负责从企业内部招聘或抽调人员组成项目的组织,如图 2-13 所示。

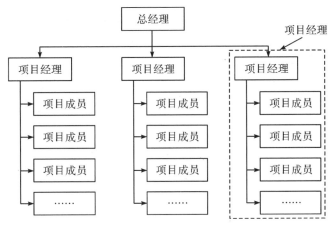

图 2-13　项目式组织结构

1.项目式组织结构的优点

项目式组织结构中权力集中于项目经理,所以项目经理可以及时决策,指挥方便,有利于提高工作效率。从各个部门抽调或招聘的是项目所需要的各类专家,解决问题快,办事效率高。与组织部门间的协调关系减少,弱化了项目组织与企业组织部门的关系,减少或避免了本位主义和行政干预,有利于项目经理顺利地开展工作。

2.项目式组织结构的缺点

项目式组织结构由于各类人员来自不同的部门,具有不同的专业背景,缺乏合作经验,难免配合不当。项目管理人员长期离开原单位,离开他们所熟悉的工作环境,容易产生临时观念和不满情绪,影响积极性的发挥。由于同一专业人员分散在不同的项目上,相互交流困难,职能部门无法对他们进行有效的培训和指导,影响各部门的数据、经验和技术积累,难以形成专业优势。

2.3.3　矩阵式组织结构

矩阵式组织结构是一种较新型的组织结构模式,在现代大型工程项目广泛应用。它把职能原则和对象原则结合起来,既能发挥职能部门的纵向优势,又能发挥项目组织的横向优势,形成了独特的组织形式。

矩阵式组织结构能将企业组织职能与项目组织职能进行有机的结合,形成一种纵向职能机构和横向项目机构相互交叉的"矩阵"形式。一个大型建设项目如采用矩阵式组织结构模式,纵向部门可以是经营、人事等管理部门,横向可以是各子项目的项目管理部。某建筑公司矩阵式组织结构如图 2-14 所示。

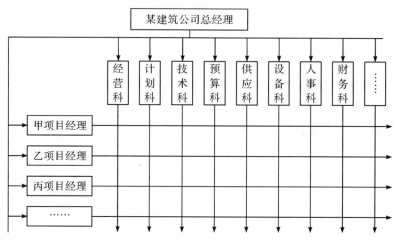

图 2-14　某建筑公司矩阵式组织结构

矩阵式组织结构又有弱矩阵、平衡矩阵和强矩阵之分。

1.弱矩阵式组织结构

通常,弱矩阵式组织结构在项目团队中没有一个明确的项目经理,只有一个协调员负责协调工作,如图 2-15 所示。该组织形式偏向于职能式组织结构,所以其优缺点和适用条件与职能式组织结构相似。

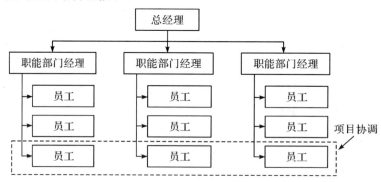

图 2-15　弱矩阵式组织结构

2.平衡矩阵式组织结构

平衡矩阵式组织结构是介于强矩阵式组织结构与弱矩阵式组织结构之间的一种形式。主要特点是项目经理由职能部门中的一个成员担任,其工作除项目的管理工作外,还可能负责本部门承担的相应项目中的任务,如图 2-16 所示。

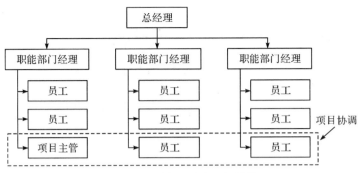

图 2-16　平衡矩阵式组织结构

3.强矩阵式组织结构

强矩阵式组织结构配置专职的项目经理负责项目的管理与运行,项目经理来自公司的专门项目管理部门。项目经理与上级沟通往往是通过其所在的项目管理部门负责人进行的,如图 2-17 所示。

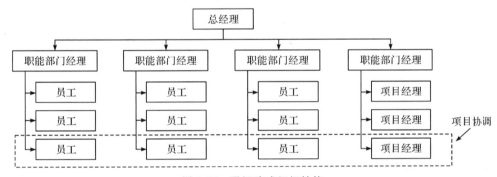

图 2-17　强矩阵式组织结构

强矩阵式组织结构的特点是:项目经理独立于企业职能部门之外,项目团队成员来源于相关职能部门,项目完成后再回到原职能部门。

在矩阵式组织结构中,永久性专业职能部门和临时性项目组织同时交互起作用。纵向表示不同的职能部门是永久性的,横向表示不同的项目是临时性的。

一个大型建设工程项目如果采用矩阵式组织结构,则纵向工作部门可以是投资控制、进度控制、质量控制、合同管理、人事管理、财务管理、物资管理、信息管理等职能部门,而横向工作部门可以是各子项目的项目管理部。

4.矩阵式组织结构的主要优点和缺点

矩阵式组织结构兼有职能式和项目式两种组织结构的优点,能有效地利用人力资源,有利于人才的全面培养。

矩阵式组织结构的主要缺点包括:双重领导,管理要求高,协调较困难,经常出现项目经理的责任与权力不统一的现象。

矩阵式组织结构主要适用于大型复杂项目、对人工利用率要求高的项目或公司同时承担多个项目,如图 2-18 所示。

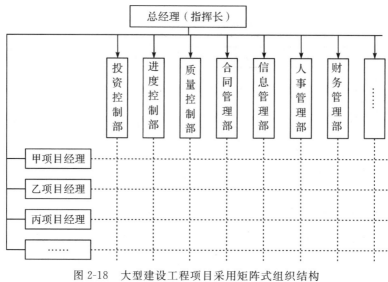

图 2-18　大型建设工程项目采用矩阵式组织结构

2.4　项目经理与建造师

2.4.1　项目经理

项目经理是指由项目管理单位法定代表人书面授权,全面负责委托项目管理合同的履行、主持项目管理机构工作,并具有相应执业资格的专业技术人员。

建设工程项目经理是指企业为建立以建设工程项目管理为核心的质量、安全、进度和成本的责任保证体系,全面提高工程项目管理水平而设立的重要管理岗位,是企业法定代表人在工程项目上的委托授权代理人。

项目经理是企业法定代表人在施工项目上负责管理和合同履约的一次性授权代理人,是项目管理的第一责任人。项目经理是协调各方关系,使之相互紧密协作配合的桥梁和纽带。项目经理对项目实施进行控制,是各种信息的集散中心,通过各方的信息收集和运用达到控制的目的,使项目取得成功。项目经理是施工项目责、权、利的主体。

项目经理应具备的知识和能力包括:承担项目管理任务的专业技术、管理、经济、法律和法规知识,管理能力,社交与谈判能力,应变能力,学习能力,项目管理经验等。

项目经理应具备的素质包括良好的社会道德、高尚的职业道德和良好的心理素质等。

2.4.2　建造师执业资格制度

为了加强建设工程项目总承包与施工管理,保证工程质量和施工安全,2002 年 12 月 5 日,人事部、建设部决定对建设工程项目总承包及施工管理的专业技术人员实行建造师执业资格制度。

建造师执业资格注册有效期一般为 3 年,有效期满前 3 个月,持证者应到原注册管理机构办理再次注册手续。建造师经注册后,有权以建造师名义担任建设工程项目施工的项目经理及从事其他施工活动的管理。

《建造师执业资格制度暂行规定》第二十六条规定,建造师的执业范围包括以下三个方面:

(1)担任建设工程项目施工的项目经理。

(2)从事其他施工活动的管理工作。

(3)法律、行政法规或国务院建设行政主管部门规定的其他业务。

2.4.3　建造师与项目经理的关系

2003 年 2 月 27 日,《国务院关于取消第二批行政审批项目和改变一批行政审批项目管理方式的决定》(国发〔2003〕5 号)规定:"取消建筑施工企业项目经理资质核准,由注册建造师代替,并设立过渡期。"

建筑业企业项目经理资质管理制度向建造师执业资格制度过渡的时间定为五年,即从国发〔2003〕5 号文印发之日起至 2008 年 2 月 27 日止。过渡期内,凡持有项目经理资质证书或者建造师注册证书的人员,经其所在企业聘用后均可担任工程项目施工的项目经理。过渡期满后,大、中型工程项目施工的项目经理必须由取得建造师注册证书的人员担任;但取得建造师注册证书的人员是否担任工程项目施工的项目经理,由企业自主决定。在全面实施建造师执业资格制度后仍然要坚持落实项目经理岗位责任制。

建造师是一种专业人士的名称,而项目经理是一个工作岗位的名称,应注意这两个概念的区别和联系。人员取得了建造师执业资格,表明其知识和能力符合建造师执业的要求,但其在企业中的工作岗位则由企业视工作需要和安排而定。建造师的职业资格和职业范围如图 2-19 所示。

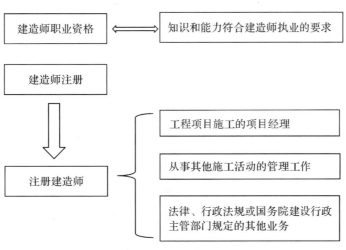

图 2-19　建造师的职业资格和职业范围

2.5 案 例

某煤场 EPC 项目的总承包方是受发包方委托进行总承包工程建设的施工单位,即在施工及保修阶段,总承包方需按照投标须知、合同条款、工料规范、工程量清单、图纸以及各种补充协议约定,全面负责整个工程建设的质量、安全、工期、成本及科技创新目标的实现。

2.5.1 项目目标

该项目从质量、工期、造价、环境等多方面设定了相应的项目目标,如表 2-2 所示。

表 2-2 某煤场 EPC 项目目标

目标类别	目标内容
质量目标	达到《建筑工程施工质量验收统一标准》(GB 50300—2013)合格标准,同时各分部分项工程符合工程建设国家"施工质量验收标准",确保质量一次合格率 100%
安全文明施工目标	达到"某市建筑施工安全文明工地"要求
工期目标	2020 年 1 月 15 日提交全套施工图; 2020 年 4 月开始钢网架安装;现场安装工期约 120 天
环境保护目标	提高环境意识,遵守环境法规,保护环境,爱护环境,使施工工地周围环境达到持续净化目标。无扬尘、无污染、无扰民、低噪声、无环保投诉;坚持预防污染,使用环保建材,营造花园工地,确保工程周边环境质量,实现绿色施工
造价管理目标	坚决杜绝决策失误和各项浪费,严格控制工程和各项成本开支,保证工程质量、工期,保证业主的预期投资收益,优质高效地完成工程建设
团结合作目标	提高服务意识,急业主之所急,想业主之所想。主动协调好与业主、设计、监理以及政府部门的关系,营造一种精诚协作、积极高效、和谐健康的工作氛围,各方形成合力,创造精品工程
科技进步目标	积极推广应用建设部《建筑业 10 项新技术(2010)》,依靠科技进步,努力提高技术水平,力争加快速度,提高工程质量,降低工程成本
工程回访及售后服务目标	承诺对本工程承包范围内在质量保修期内免费保修,做到随时回访保修,确保工程使用安全,设备和系统运转正常

2.5.2　项目阶段划分

根据工程特点,该项目主要分为工程详图设计阶段、材料和设备采购阶段、加工制作阶段、现场安装阶段、调试及试运行阶段、投入运行阶段六个阶段。

2.5.3　项目工作分解结构

该项目的工作结构如图 2-20 所示,总承包管理的工作分解如图 2-21 所示。

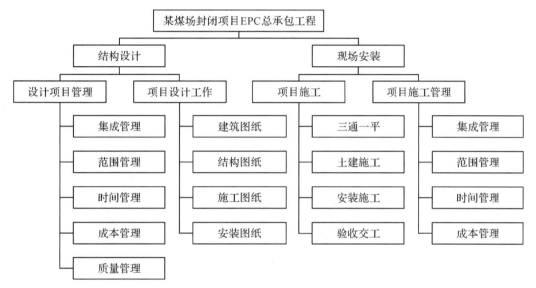

图 2-20　项目工作分解结构

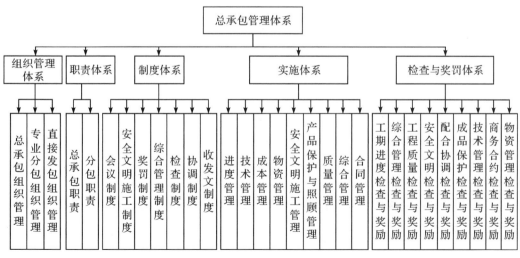

图 2-21　项目管理工作分解结构

2.5.4 项目实施组织形式

根据工程特点,项目建立如图2-22所示总承包管理体系。

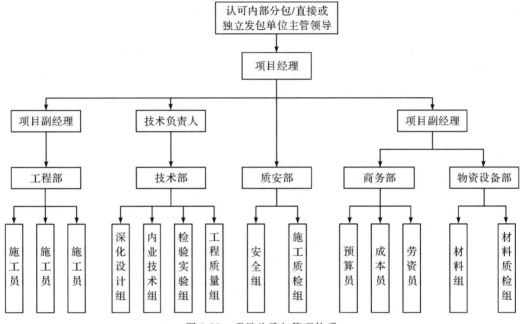

图 2-22 项目总承包管理体系

本案例以某煤场EPC项目为例从项目的管理目标、项目阶段划分,到项目工作分解、总承包管理体系和组织模式等方面进行展开。EPC项目对总承包项目管理提出了更高的要求,做好组织管理是项目顺利实施的重要基础。

本章小结

1.内容

(1)主要内容:组织的概念;工程项目组织结构的模式;工程项目组织分工;工程项目组织分解;项目经理与建造师。

(2)重点:工程项目组织结构的模式;项目经理与建造师。

(3)难点:工程项目组织结构的模式;工程项目组织分解。

2.要求

熟悉工程项目组织的基本结构和特殊性;工程项目组织设置和运行的基本原则;基本掌握工程项目组织策划的过程和主要工作,了解项目经理部和项目经理的职责、项目管理组织分工和协调。

思考练习

1.( )组织结构模式容易产生多头领导。

A.直线式   B.职能式   C.矩阵式   D.项目式

2.（　　）组织结构模式的每个部门只有一个指令源。

A. 直线式　　　　　B. 职能式　　　　　　C. 矩阵式　　　　　　D. 项目式

3.（　　）项目组织模式中项目经理是由一职能部门中的成员担任的。

A. 直线式　　　　　B. 职能式　　　　　　C. 矩阵式　　　　　　D. 项目式

4.什么是项目式组织机构？项目式组织机构有哪些优缺点？

习题解答

第二章　习题答案

第3章 建设工程项目成本管理

知识目标

了解建筑工程项目成本管理的概念,熟悉建筑工程项目成本的构成。

能力目标

掌握建筑工程项目成本管理的具体工作,掌握常用成本控制方法。

思政目标

培养学生实事求是、理论联系实际,树立诚实守信、技术与经济相结合的思想。

思维导图

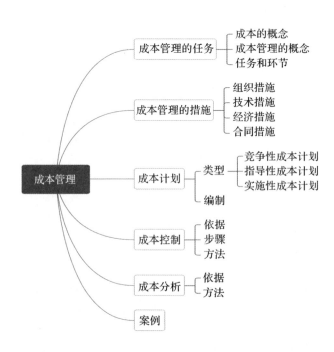

3.1　成本管理的任务与措施

工程成本管理责任体系应包括公司层的成本管理和项目经理部的成本管理。公司层的成本管理除生产成本以外,还包括经营管理费用;项目经理部应对生产成本进行管理。公司层贯穿于项目投标、实施和结算过程,体现效益中心的管理职能;项目经理部则着眼于执行公司确定的施工成本管理目标,发挥现场生产成本控制中心的管理职能。

3.1.1　成本管理的任务

1.成本与成本管理的概念

"成本"是生产和销售一定种类与数量的产品已耗费的资源用货币计量的经济价值,是为取得物质资源所需付出的或应付出资源的价值牺牲。狭义的成本是指企业为了生产产品或提供劳务而发生的各种耗费;广义的成本是指为过程增值或结果有效已付出或应付出的资源代价,主要包括人力、物力、财力和信息等资源。

工程项目的不同参与方从不同角度来看价值消耗,常常有不同含义。企业或公司关注点在投资,其将成本称为"投资";而承包商的关注点在实施与完成项目所需的各种资源的货币量,即"成本"。

建设工程施工成本是指在建设工程项目的施工过程中所发生的全部生产费用的总和,包括:所消耗的原材料、辅助材料、构配件等费用;周转材料的摊销费或租赁费;施工机械的使用费或租赁费;支付给生产工人的工资、奖金、工资性质的津贴;以及进行施工组织与管理所发生的全部费用支出等。建设工程项目施工成本由直接成本和间接成本所组成。

直接成本是指施工过程中耗费的构成工程实体或有助于工程实体形成的各项费用支出,是可以直接计入工程对象的费用,包括人工费、材料费和施工机具使用费等。间接成本是指准备施工、组织和管理施工生产的全部费用支出,是非直接用于也无法直接计入工程对象,却是为进行工程施工所必须发生的费用,包括管理人员工资、办公费、差旅交通费等。

成本管理是指承包人为确保项目成本控制在计划目标之内所作的预测、计划、控制、调整、核算、分析和考核等管理工作。工程项目成本管理就是要在保证工期和质量满足要求的情况下,采取相关管理措施,包括组织措施、经济措施、技术措施、合同措施,把成本控制在计划范围内,并进一步寻求最大程度的成本节约。

2．成本管理的任务和环节

成本管理的任务和环节主要包括：成本计划、成本控制、成本核算、成本分析、成本考核。

成本计划是以货币形式编制项目在计划期内的生产费用、成本水平、成本降低率以及为降低成本所采取的主要措施和规划的书面方案。它是建立项目成本管理责任制、开展成本控制和核算的基础。此外，它还是项目降低成本的指导文件，是设立目标成本的依据，即成本计划是目标成本的一种形式。

成本控制是在建设过程中，对影响项目成本的各种因素加强管理，并采取各种有效措施，将建设中实际发生的各种消耗和支出严格控制在成本计划范围内；通过动态监控并及时反馈，严格审查各项费用是否符合标准，计算实际成本和计划成本之间的差异并进行分析，进而采取多种措施，减少或消除施工中的损失浪费。

成本核算包括两个基本环节：一是按照规定的成本开支范围对项目费用进行归集和分配，计算出项目费用的实际发生额；二是根据成本核算对象，采用适当的方法，计算出该项目的总成本和单位成本。施工成本管理需要正确及时地核算施工过程中发生的各项费用，计算项目的实际成本。

成本分析是在成本核算的基础上，对成本的形成过程和影响成本升降的因素进行分析，以寻求进一步降低成本的途径，包括有利偏差的挖掘和不利偏差的纠正。成本分析贯穿于成本管理的全过程，及时掌握成本的变动情况，深入研究成本变动的规律，寻找降低项目成本的途径，以便有效地进行成本控制。

成本考核是指在项目完成后，对项目成本形成中的各责任者，按项目成本目标责任制的有关规定，将成本的实际指标与计划、定额、预算进行对比和考核，评定项目成本计划的完成情况和各责任者的业绩，并以此给予相应的奖励和处罚。

成本管理的每一个环节都是相互联系和相互作用的。成本预测是成本决策的前提，成本计划是成本决策所确定目标的具体化。成本计划控制则是对成本计划的实施进行控制和监督，保证决策的成本目标的实现，而成本核算又是对成本计划是否实现的最后检验，它所提供的成本信息将为下一个施工项目成本预测和决策提供基础资料。成本考核是实现成本目标责任制的保证和实现决策目标的重要手段。

3.1.2　成本管理的措施

成本管理的措施主要有组织措施、技术措施、经济措施和合同措施。

1．组织措施

组织措施是从成本管理的组织方面采取的措施。成本控制是全员的活动，如实行项目经理责任制，落实成本管理的组织机构和人员；明确各级成本管理人员的任务和职能分工、权力和责任。成本管理不仅是专业成本管理人员的工作，各级项目管理人员都负有成本控制责任。组织措施还包括编制成本控制工作计划、确定合理详细的工作流程。组织措施是其他各类措施的前提和保障，而且一般不需要增加额外的费用，运用得当可以取得良好的效果。

2. 技术措施

技术措施主要有：进行技术经济分析，确定最佳的施工方案；结合施工方法，进行材料使用的比选，在满足功能要求的前提下，通过代用、改变配合比、使用外加剂等方法降低材料消耗的费用；确定最合适的施工机械、设备使用方案；结合项目的施工组织设计及自然地理条件，降低材料的库存成本和运输成本；应用先进的施工技术，运用新材料，使用先进的机械设备等。运用技术纠偏措施的关键，一是要能提出多个不同的技术方案；二是要对不同的技术方案进行技术经济分析比较，以选择最佳方案。在实践中，也要避免仅从技术角度选定方案而忽视对其经济效果的分析论证。

3. 经济措施

管理人员应编制资金使用计划，确定、分解施工成本管理目标。对施工成本管理目标进行风险分析，并制定防范性对策。对各种支出，应认真做好资金的使用计划，并在施工中严格控制各项开支。及时准确地记录、收集、整理、核算实际支出的费用。对各种变更，应及时做好增减账、落实业主签证并结算工程款。通过偏差分析和未完工工程预测，可发现一些潜在的可能引起未完工程施工成本增加的问题，对这些问题应以主动控制为出发点，及时采取预防措施。经济措施是最易为人们所接受和采用的措施，且经济措施的运用绝不仅仅是财务人员的事情。

4. 合同措施

采用合同措施控制成本，应贯穿整个合同周期，包括从合同谈判开始到合同终结的全过程。对于分包项目，首先是选用合适的合同结构，对各种合同结构模式进行分析、比较，在合同谈判时，要争取选用适合于工程规模、性质和特点的合同结构模式。其次是在合同的条款中应仔细考虑一切影响成本和效益的因素，特别是潜在的风险因素。通过对引起成本变动的风险因素的识别和分析，采取必要的风险对策，如通过合理的方式增加承担风险的个体数量以降低损失发生的比例，并最终将这些策略体现在合同的具体条款中。在合同执行期间，合同管理的措施既要密切注视对方合同执行的情况，以寻求合同索赔的机会；同时也要密切关注自己履行合同的情况，以防被对方索赔。

3.2　成本计划

成本计划是施工项目成本管理的一个重要环节，是实现降低施工项目成本任务的指导性文件。在项目经理负责下，以货币形式预先规定项目进行中的生产耗费的计划总水平（是以货币形式确定的项目计划期内施工生产所需支出和降低成本的具体行动计划）。成本计划是指导各施工生产部门在计划期内改进施工技术和方法、提高劳动生产率、降低原材料消耗、提高机械设备使用率、降低费用开支、达到预期经济效果的成本实施计划或技术经济性文件，使项目经理部以挖掘生产潜力、节约成本为目的的实行计划。

3.2.1　成本计划的类型

对于工程项目而言，成本计划的编制是一个不断深化的过程。在这一过程的不同阶段形成深度和作用不同的成本计划，若按照发挥的作用，其可以分为竞争性成本计划、指导性成本计划和实施性成本计划三种。

1.竞争性成本计划

竞争性成本计划是工程项目投标及签订合同阶段的估算成本计划。这类成本计划以招标文件中的合同条件、投标者须知、技术规范、设计图纸和工程量清单为依据，以有关价格条件说明为基础，结合调研、现场踏勘、答疑等情况，根据企业自身的工料消耗标准、水平、价格资料和费用指标等，对本企业完成投标工作所需要支出的全部费用进行估算。在投标报价过程中，虽也着重考虑降低成本的途径和措施，但总体上比较粗略。

2.指导性成本计划

指导性成本计划是选派项目经理阶段的预算成本计划，是项目经理的责任成本目标。它是以合同价为依据，按照企业的预算定额标准制定的设计预算成本计划，且一般情况下确定责任总成本目标。

3.实施性成本计划

实施性成本计划是项目施工准备阶段的施工预算成本计划，它是以项目实施方案为依据，以落实项目经理责任目标为出发点，采用企业定额通过施工预算的编制而形成的实施性成本计划。

以上三类成本计划相互衔接、不断深化，构成了整个工程项目成本的计划过程。其中，竞争性成本计划带有成本战略的性质，是工程项目投标阶段商务标书的基础，而有竞争力的商务标书又是以其先进合理的技术标书为支撑的。因此，它奠定了成本的基本框架和水平。指导性成本计划和实施性成本计划，都是战略性成本计划的进一步开展和深化，是对战略性成本计划的战术安排。

3.2.2　成本计划的编制

1.成本计划的编制依据与程序

编制成本计划，需要广泛收集相关资料并进行整理，以作为成本计划编制的依据。在此基础上，根据有关设计文件、工程承包合同、施工组织设计、成本预测资料等，按照施工项目应投入的生产要素，结合各种因素变化的预测和拟采取的各种措施，估算项目生产费用支出的总水平，进而提出项目的成本计划控制指标，确定目标总成本。目标总成本确定后，应将总目标分解落实到各级部门，以便有效地进行控制。最后，通过综合平衡，编制完成本计划。

成本计划的编制依据包括：

(1)合同文件；

(2)项目管理实施规划；

(3)相关设计文件；

(4)价格信息；

(5)相关定额；

(6)类似项目的成本资料；

(7)其他相关资料。

成本计划的编制程序主要有：搜集和整理资料；估算计划成本、确定目标成本；编制成本计划草案；综合平衡及编制正式的成本计划,如图 3-1 所示。

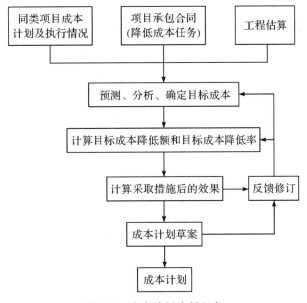

图 3-1　成本计划编制程序

2.成本计划的编制方法

(1)按成本组成编制

按照成本构成要素划分,建筑安装工程费由人工费、材料(包含工程设备)费、施工机具使用费、企业管理费、利润、规费和增值税组成。其中人工费、材料费、施工机具使用费、企业管理费和利润包含在分部分项工程费、措施项目费、其他项目费中,如图 3-2 所示。成本可以按成本构成分解为人工费、材料费、施工机具使用费和企业管理费等,如图 3-3 所示。在此基础上,编制按成本构成分解的成本计划。

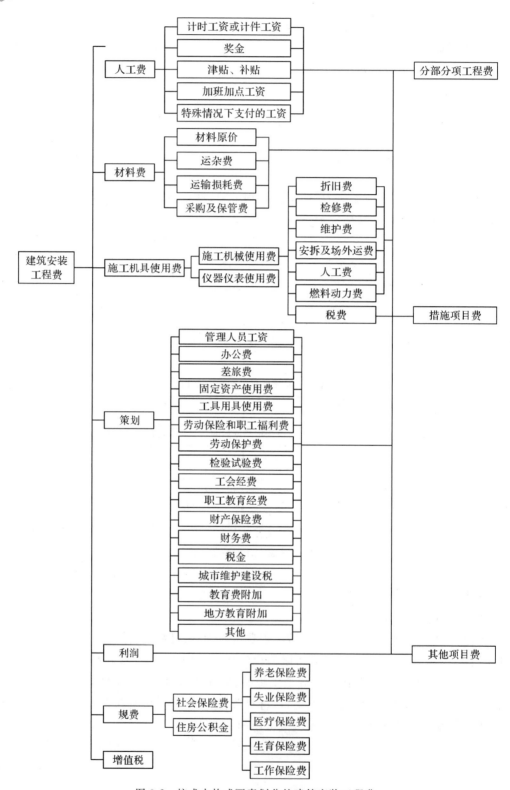

图 3-2　按成本构成要素划分的建筑安装工程费

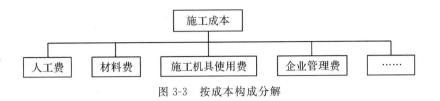

图 3-3　按成本构成分解

（2）按成本组成编制

工程项目层次划分包括建设项目、单项工程、单位工程、分部分项工程。大中型项目一般由若干个单项工程组成。项目总成本能分解到单项工程和单位工程，再进一步分解到分部分项工程，如图 3-4 所示。项目成本分解后再进行具体的成本分配，编制分项工程的成本支出计划，形成详细的成本计划表，如表 3-1 所示。

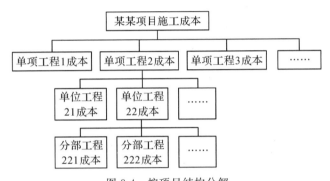

图 3-4　按项目结构分解

表 3-1　分项工程成本计划表

分项工程编码	工程内容	计量单位	工程数量	计划成本	本分项总计
（1）	（2）	（3）	（4）	（5）	（6）

（3）按项目实施阶段编制

工程实施阶段编制成本计划，可按实施阶段，如基础、主体、安装、装修等或按月、季、年等实施进度进行编制，这种方法通常结合网络图进行。在建立网络图时，一方面应确定完成各项工作所需花费的时间，另一方面应同时确定完成这一工作的合适的施工成本支出计划。在实践中，将工程项目分解为既能方便地表示时间，又能方便地表示施工成本计划的工作是不容易的。通常，如果项目分解程度对时间控制合适的话，则对施工成本计划可能分解过细，以致不可能对每项工作确定其施工成本计划；反之亦然。因此在编制网络计划时，应在充分考虑进度控制对项目划分要求的同时，还要考虑确定施工成本计划对项目划分的要求，做到两者兼顾。在时标网络图基础上按时间编制成本计划示意图如图 3-5 所示；按规定时间的成本额，绘制时间—成本累计曲线（S 形曲线）如图 3-6 所示。

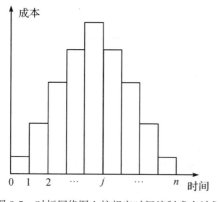

图 3-5　时标网络图上按规定时间编制成本计划　　　图 3-6　时间—成本累计曲线(S形曲线)

3.3　成本控制

在竞争日益激烈的市场环境下,进行成本管理的目标控制、监控成本发生过程、分析成本发生节超的原因、采取措施控制成本,达到控制成本。降耗增效的目的,是工程项目成本管理工作的重点。

成本控制是在项目成本的形成过程中,对生产经营所消耗的人力资源、物资资源和费用开支进行指导、监督、检查和调整,及时纠正将要发生和已经发生的偏差,把各项生产费用控制在计划成本的范围之内,以保证成本目标的实现。

3.3.1　成本控制的依据

工程项目成本控制的依据包括以下内容:

1.工程承包合同

工程项目成本控制要以工程承包合同为依据,围绕降低工程成本这个目标,从预算收入和实际成本两方面,研究节约成本、增加收益的有效途径,以求获得最大的经济效益。

2.成本计划

成本计划是根据工程项目的具体情况制定的施工成本控制方案,既包括预定的具体成本控制目标,又包括实现控制目标的措施和规划,是成本控制的指导性文件。

3.进度报告

进度报告提供了对应时间节点的工程实际完成量、工程项目成本实际支付情况等重要信息。成本控制工作正是通过实际情况与施工成本计划相比较,找出两者之间的差别,分析偏差产生的原因,从而采取措施改进以后的工作。此外,进度报告还有助于管理者及时发现工程实施中存在的隐患,并在可能造成重大损失之前采取有效措施,尽量避免损失。

4.工程变更

在项目的实施过程中,由于各方面的原因,工程变更是很难避免的。工程变更一般包括设计变更、进度计划变更、施工条件变更、技术规范与标准变更、施工次序变更、工程量变更等。一旦出现变更,工程量、工期、成本都有可能发生变化,从而使得成本控制工作变得更加复杂和困难。因此,成本管理人员应当通过对变更要求中各类数据的计算、分析,及时掌握变更情况,包括已发生工程量、将要发生工程量、工期是否拖延、支付情况等重要信息,判断变更以及变更可能带来的索赔额度等。

5.各种资源的市场信息

根据各种资源的市场价格信息和项目的实施情况,计算项目的成本偏差,估计成本的发展趋势。

除了上述几种成本控制工作的主要依据以外,施工组织设计、分包合同等有关文件资料也都是成本控制的依据。

3.3.2 成本控制的程序

工程项目成本控制的主要程序或步骤如下:

1.计划值与实际值的比较

按照某种确定的方式将施工成本的计划值和实际值逐项进行比较,以便发现施工成本是否已超支。

2.偏差分析

在比较的基础上,对比较的结果进行分析,以确定偏差的严重性及偏差产生的原因。这一步是工程项目成本控制工作的核心,其主要目的在于找出产生偏差的原因,从而采取有针对性的措施来避免或减少相同原因产生的偏差再次发生或减少由此造成的损失。

3.成本预测分析

根据项目实施情况估算整个项目完成时的成本。预测分析的目的在于为决策提供支持。

4.纠偏

当工程项目的实际成本出现了偏差,应当根据工程的具体情况、偏差分析和预测的结果,采用适当的措施,以期达到使施工成本偏差尽可能小的目的。纠偏是成本控制中最具实质性的一步。只有通过纠偏,才能最终达到有效控制成本的目的。

5.检查

检查是指对工程的进展进行跟踪和检查,及时了解工程进展状况以及纠偏措施的执行情况和效果,为今后的工作积累经验。

工程项目成本控制的程序如图 3-7 所示。

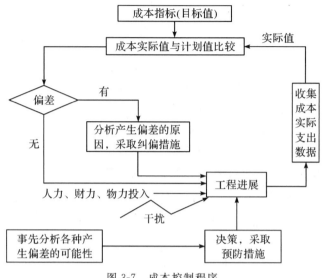

图 3-7　成本控制程序

3.3.3　成本控制的方法

1.偏差控制法

偏差控制法是通过对实际执行数据与控制目标进行比较,发现偏差并找出偏差原因的一种方法。采用偏差控制法进行成本控制主要包括发现偏差、分析偏差原因和进行成本控制三个步骤。

成本控制偏差可分为:实际偏差、计划偏差和目标偏差,如图 3-8 所示。

实际偏差＝实际成本－预算成本

计划偏差＝预算成本－计划成本

目标偏差＝实际成本－计划成本

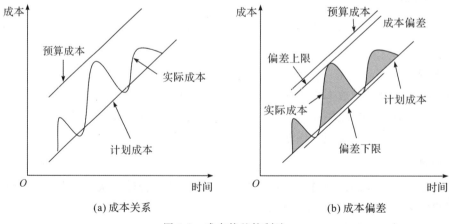

(a) 成本关系　　　　　　　　　　　(b) 成本偏差

图 3-8　成本偏差控制法

分析成本产生偏差的原因可采因素分析法和图像分析法。

(1)因素分析法。因素分析法是将成本偏差的原因归纳为几个相互联系的因素,然后用一定的计划方法从数值上测定各种因素对成本产生偏差程度的影响,如图 3-9 所示。

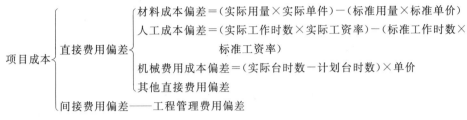

图 3-9　成本偏差原因分析

(2)图像分析法。图像分析法是通过绘制线条图和成本曲线的形式,通过总成本和分项成本的比较分析,发现在总成本出现偏差时是由哪些分项成本超支造成的,以便采取措施及时纠正,如图 3-10 所示。

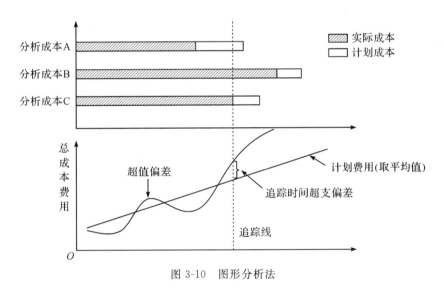

图 3-10　图形分析法

2.成本分析表法

成本分析表法是利用表格的形式调查、分析、研究项目成本的一种方法。可利用的表格包括成本日报表、周报表、月报表、分析表和成本预测表等,如图 3-11 所示。

项目名称：   NO.：CC02－2

成本项目	成本科目	成本细项	元/m²	本项成本/元	备注
建筑安装工程费	上部(±0.00)以上土建工程费	外立面装饰工程			
		其他			
		小计			
	系统工程费(含设备费)	给排水工程费			
		电气(强电)工程费			
		通风及空调工程费			
		消防工程费			
		煤气工程费			
		采暖工程费			
		智能化系统工程			
		设备费			
		其他			
		小计			
	其他建安费	二次装修费			
		其他			
		小计			
本项小计		（ 元/m²）			

图 3-11 成本分析表示例

3.成本累计曲线

成本累计曲线法可通过时间—累计成本曲线表示，如图 3-12 所示，它是反映整个项目或项目中某个相对独立部分开支状况的图示。它既可以从成本预算计划中直接导出，也可借助网络图、条线图等工具单独建立。

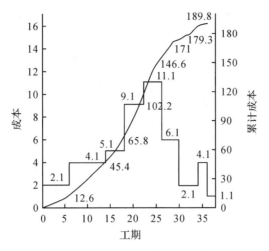

图 3-12　时间—累计成本曲线

4. 施工图预算控制法

施工项目的成本控制中,可按施工图预算,实行"以收定支"或者"量入为出",这是最有效的方法之一。

（1）人工费的控制

人工费的控制实行"量价分离"的方法,即将作业用工及零星用工按定额工日的一定比例综合确定用工数量与单价,通过劳务合同进行控制。加强劳动定额管理,提高劳动生产率,降低工程耗用人工工日,是控制人工费支出的主要手段。

（2）材料费的控制

材料费控制同样按照"量价分离"原则,控制材料用量和材料价格。在保证符合设计要求和质量标准的前提下,合理使用材料,通过定额控制、指标控制、计量控制、包干控制等手段有效控制物资材料的消耗。材料价格主要由材料采购部门控制。由于材料价格是由买价、运杂费、运输中的合理损耗等组成,因此控制材料价格,主要是通过掌握市场信息、应用招标和询价等方式控制材料和设备的采购价格。

（3）施工机械使用费的控制

合理选择施工机械设备、合理使用施工机械设备对成本控制具有十分重要的意义,尤其是高层建筑施工。据某些工程实例统计,高层建筑地面以上部分的总费用中,垂直运输机械费用占 6%~10%。由于不同的起重运输机械各有不同的特点,因此在选择起重运输机械时,首先应根据工程特点和施工条件确定采取的起重运输机械的组合方式。在确定采用何种组合方式时,首先应满足施工需要,其次要考虑费用的高低和综合经济效益。施工机械使用费主要由台班数量和台班单价两方面决定,因此为有效控制施工机械使用费支出,应主要从这两个方面进行控制。

5. 赢得值（挣值）法

赢得值法（Earned Value Management,EVM）作为一项先进的项目管理技术,最初是美国国防部于 1967 年确立的,是对项目进度和费用进行综合控制的一种有效方法。目前,国际上先进的工程公司已普遍采用赢得值法进行工程项目的费用、进度综合分析控制。赢得值法可以对项目在任一时间的计划指标、完成状况和资源耗费进行综合度量,从而能准确描述项目的进展状态。赢得值法是通过分析项目目标实施与项目目标期望之间的差异,从而判断项目实施成本、进度绩效的一种方法。

(1)赢得值法的三个基本参数

①已完工作预算费用

已完工作预算费用(Budgeted Cost for Work Performed,BCWP),是指在某一时间已经完成的工作(或部分工作),以批准认可的预算为标准所需要的资金总额,由于发包人正是根据这个值为承包人完成的工作量支付相应的费用,也就是承包人获得(挣得)的金额,故称赢得值或挣值。

已完工作预算费用(BCWP)=已完成工作量×预算单价

②计划工作预算费用

计划工作预算费用(Budgeted Cost for Work Scheduled,BCWS),是指根据进度计划,在某一时刻应当完成的工作(或部分工作),以预算为标准所需要的资金总额。一般来说,除非合同有变更,BCWS 在工程实施过程中应保持不变。

计划工作预算费用(BCWS)=计划工作量×预算单价

③已完工作实际费用

已完工作实际费用(Actual Cost for Work Performed,ACWP),是指到某一时刻为止,已完成的工作(或部分工作)所实际花费的总金额。

已完工作实际费用(ACWP)=已完成工作量×实际单价

(2)赢得值法的四个评价指标

在这三个基本参数的基础上,可以确定赢得值法的四个评价指标,它们都是时间的函数。

①费用偏差 CV(Cost Variance)

费用偏差(CV)=已完工作预算费用(BCWP)-已完工作实际费用(ACWP)

当费用偏差 CV 为负值时,即表示项目运行超出预算费用;当费用偏差 CV 为正值时,表示项目运行节支,实际费用没有超出预算费用。

②进度偏差 SV(Schedule Variance)

进度偏差(SV)=已完工作预算费用(BCWP)-计划工作预算费用(BCWS)

当进度偏差 SV 为负值时,表示进度延误,即实际进度落后于计划进度;当进度偏差 SV 为正值时,表示进度提前,即实际进度快于计划进度。

③费用绩效指数(CPI)

费用绩效指数(CPI)=已完工作预算费用(BCWP)/已完工作实际费用(ACWP)

当费用绩效指数(CPI)<1 时,表示超支,即实际费用高于预算费用;当费用绩效指数(CPI)>1 时,表示节支,即实际费用低于预算费用。

④进度绩效指数(SPI)

进度绩效指数(SPI)=已完工作预算费用(BCWP)/计划工作预算费用(BCWS)

当进度绩效指数(SPI)<1 时,表示进度延误,即实际进度比计划进度慢;当进度绩效指数(SPI)>1 时,表示进度提前,即实际进度比计划进度快。

费用(进度)偏差反映的是绝对偏差,结果很直观,有助于费用管理人员了解项目费用出现偏差的绝对数额,并依此采取一定措施,制定或调整费用支出计划和资金筹措计划。

但是,绝对偏差有其不容忽视的局限性。如同样是 10 万元的费用偏差,对于总费用1000 万元的项目和总费用 1 亿元的项目而言,其严重性显然是不同的。因此,费用(进度)偏差仅适合于对同一项目作偏差分析。费用(进度)绩效指数反映的是相对偏差,它不受项目层次的限制,也不受项目实施时间的限制,因而在同一项目和不同项目比较中均可采用。在项目的费用、进度综合控制中引入赢得值法,可以克服过去进度、费用分开控制的缺点,即当发现费用超支时,很难立即知道是由于费用超出预算,还是由于进度提前。相反,当发现费用低于预算时,也很难立即知道是由于费用节省,还是由于进度拖延。而引入赢得值法即可定量地判断进度、费用的执行效果。

赢得值法示意图如图 3-13 所示。

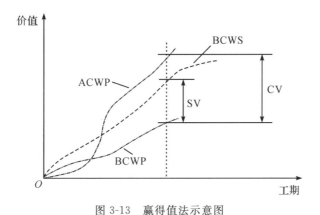

图 3-13　赢得值法示意图

3.4　成本分析

工程项目成本分析,就是根据会计核算、业务核算和统计核算提供的资料,对工程项目成本的形成过程和影响成本升降的因素进行分析,以寻求进一步降低成本的途径;另外,通过成本分析,可从账簿、报表反映的成本现象看清成本的实质,从而增强项目成本的透明度和可控性,为加强成本控制、实现项目成本目标创造条件。

3.4.1　成本分析的依据

成本分析的主要依据是会计核算、业务核算和统计核算所提供的资料。

1.会计核算

会计核算主要是价值核算。会计是对一定单位的经济业务进行计量、记录、分析和检查,作出预测、参与决策、实行监督,旨在实现最优经济效益的一种管理活动。它通过设置账户、复式记账、填制和审核凭证、登记账簿、成本计算、财产清查和编制会计报表等一系列有组织有系统的方法,来记录企业的一切生产经营活动,然后据此提出一些用货币来反映的有关各种综合性经济指标的数据,如资产、负债、所有者权益、收入、费用和利润等。由于会计记录具有连续性、系统性和综合性等特点,所以它是施工成本分析的重要依据。

2.业务核算

业务核算是各业务部门根据业务工作的需要建立的核算制度,它包括原始记录和计算登记表,如单位工程及分部分项工程进度登记,质量登记,工效、定额计算登记,物资消耗定额记录,测试记录等。业务核算的范围比会计、统计核算要广。会计和统计核算一般是对已经发生的经济活动进行核算,而业务核算不但可以核算已经完成的项目是否达到原定的目的、取得预期的效果,而且可以对尚未发生或正在发生的经济活动进行核算,以确定该项经济活动是否有经济效果,是否有执行的必要。它的特点是对个别的经济业务进行单项核算,如各种技术措施、新工艺等。业务核算的目的在于迅速取得资料,以便在经济活动中及时采取措施进行调整。

3.统计核算

统计核算是利用会计核算资料和业务核算资料,把企业生产经营活动客观现状的大量数据,按统计方法加以系统整理,以发现其规律性。它的计量尺度比会计宽,可以用货币计算,也可以用实物或劳动量计量。它通过全面调查和抽样调查等特有的方法,不仅能提供绝对数指标,还能提供相对数和平均数指标,可以计算当前的实际水平,还可以确定变动速度以预测发展的趋势。

3.4.2 成本分析的方法

由于工程项目成本涉及的范围很广,需要分析的内容较多,因此应该在不同的情况下采取不同的分析方法。成本分析的基本方法包括比较法、因素分析法、差额计算法、比率法等。

1.比较法

比较法又称"指标对比分析法",是指对比技术经济指标,检查目标的完成情况,分析产生差异的原因,进而挖掘降低成本的方法。这种方法通俗易懂、简单易行、便于掌握,因而得到了广泛的应用,但在应用时必须注意各技术经济指标的可比性。比较法的应用通常有以下形式。

(1)将实际指标与目标指标对比。以此检查目标完成情况,分析影响目标完成的积极因素和消极因素,以便及时采取措施,保证成本目标的实现。在进行实际指标与目标指标对比时,还应注意目标本身有无问题,如果目标本身出现问题,则应调整目标,重新评价实际工作。

(2)本期实际指标与上期实际指标对比。通过本期实际指标与上期实际指标对比,可以看出各项技术经济指标的变动情况,反映施工管理水平的提高程度。

（3）与本行业平均水平、先进水平对比。通过这种对比,可以反映本项目的技术和经济管理水平与行业的平均及先进水平的差距,进而采取措施提高本项目管理水平。表 3-2 为实际指标与上期指标、先进水平对比。

表 3-2　实际指标与上期指标、先进水平对比　　　　　　　　　单位:万元

指标	本年计划数	上年计划数	企业先进水平	本年实际数	差异数		
					与计划比	与上年比	与先进比
"三材"节约额	10	9.5	13	12	2	2.5	—1

2.因素分析法

因素分析法又称连环置换法,此方法可用来分析各种因素对成本的影响程度。在进行分析时,首先要假定众多因素中的一个因素发生了变化,而其他因素不变,然后逐个替换,分别比较其计算结果,以确定各个因素的变化对成本的影响程度。因素分析法的计算步骤如下:

（1）确定分析对象,并计算出实际与目标数的差异;

（2）确定该指标是由哪几个因素组成的,并按其相互关系进行排序（排序规则是:先实物量,后价值量;先绝对值,后相对值）;

（3）以目标数为基础,将各因素的目标数相乘,作为分析替代的基数;

（4）将各个因素的实际数按照上面的排列顺序进行替换计算,并将替换后的实际数保留下来;

（5）将每次替换计算所得的结果,与前一次的计算结果相比较,两者的差异即为该因素对成本的影响程度;

（6）各个因素的影响程度之和,应与分析对象的总差异相等。

3.差额计算法

差额计算法是因素分析法的一种简化形式,它利用各个因素的目标值与实际值的差额来计算其对成本的影响程度。

4.比率法

比率法是指用两个以上的指标的比例进行分析的方法。它的基本特点是:先把对比分析的数值变成相对数,再观察其相互之间的关系。常用的比率法有以下几种:

（1）相关比率法。由于项目经济活动的各个方面是相互联系、相互依存、相互影响的,因而可以将两个性质不同且相关的指标加以对比,求出比率,并以此来考察经营成果的好坏。例如,产值和工资是两个不同的概念,但它们是投入与产出的关系。在一般情况下,都希望以最少的工资支出完成最大的产值。因此,用产值工资率指标来考核人工费的支出水平,可以很好地分析人工成本。

（2）构成比率法。又称比重分析法或结构对比分析法。通过构成比率,可以考察成本总量的构成情况及各成本项目占总成本的比重,同时也可看出预算成本、实际成本和降低成本的比例关系,从而寻求降低成本的途径。

3.5 案 例

3.5.1 工程概况

某建筑住宅项目,总占地面积约 6.21 亩,建筑面积超过 16000m²。在该建筑住宅周围分布了行政、娱乐、商务、教育、文体等多种配套建筑设施。该住宅项目包含地上 9 层结构,不包含地下结构。表 3-3 为该住宅项目的详细信息记录表。

表 3-3 住宅项目的详细信息记录表

序号	内容	详细信息
1	建筑项目施工工期	16 个月
2	外墙装饰材料	真石漆
3	楼地面装饰材料	普通地砖
4	内墙装饰材料	乳胶漆

该工程的施工周期为 16 个月。开工后,本次招标的金额为 4286 万元,承包人应按照每个月的工程量进行精确的核算,并计算出工程量的明细和结算金额,用以支付工程进度款。图 3-14 为该建筑住宅项目施工单位部门构成体系结构。

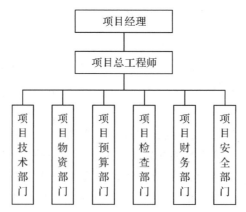

图 3-14 建筑住宅项目施工单位部门构成体系结构

该建筑住宅项目造价成本管理的目的是:严格遵循市场竞争法则,注意市场环境变化,调整有关成本,掌握工程建设所需工程技术人员、工程技术等方面的资料。同时,在施工阶段,要积极配合地方政府机关对工程造价的管理,对不正当竞争采取有效的控制措施,监督有关中介机构的资质,建立一套完整的工程成本动态控制体系。

3.5.2　基于全过程造价管理下的施工阶段工程造价动态控制

1.加强基于全过程造价管理下的施工预算

计量基准与施工预算是项目造价动态控制的依据。设计项目在施工阶段的预算规划模型结构如图 3-15 所示。

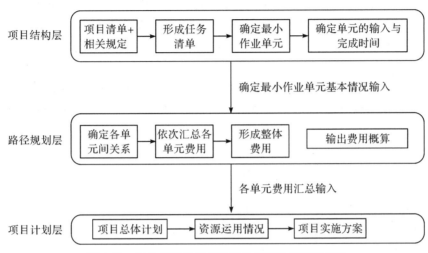

图 3-15　设计项目在施工阶段的预算规划模型结构

可以根据施工进度与费用支出在项目整个生命周期内的动态分析结果,制定预算计划。

在建设工程中标后,组织一支专业队伍,对施工进行全面调研,划分施工环节,对其进行编码,以便后续对施工造价的集中统计。编码方式如图 3-16 所示。

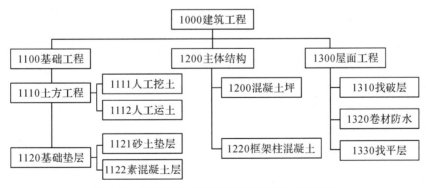

图 3-16　建筑施工工程项目预算环节的编码设计

对成本进行详细分解,形成了一种具有计算、控制和预测特征的预算模型。根据相关工作的执行情况,进行造价的初步调控。具体内容包括:

(1)安排专人负责项目施工的预算编制。项目造价预算编制是项目造价控制的重要基础,项目部门每月需要对项目实施进展进行估价,掌握项目的收益与施工进度。

（2）优化预算中的过程控制。管理费用的实现目的在于强化控制措施的实施，即在编制完管理费用预算后，按项目所划分的管理范围，指定专人负责管理，并将其实施情况以书面方式加以确定。

2.基于进度与质量控制的工程造价整体优化设计

控制项目施工进度与施工质量，是实现造价控制的前提条件。在此过程中，合理控制进度，可以避免由于施工延期造成的额外支出，实现对人力投入的合理规划。控制施工质量，可以减少建筑工程项目后续返工次数，避免不需要的投入。

在施工阶段的进度控制中，应从两个方面入手：

（1）组织措施

①制定完善的进度管理目标系统，项目经理作为总领导，负责整个项目的进度管理。

②建立施工进度日记，实时记录现场施工进度数据，并对与项目进度相关的问题进行分析，如设计变更等，以便及时了解项目进展。

③制定进度调度会议，每星期定期召开一次进度磋商会议，由多个负责人同时参与会议，及时向上级报告上一周的工作进度。

（2）技术措施

①强化监控进程。定期跟踪检查，以便及时掌握施工进度。

②与有关部门加强交流。包括设计、施工、监理、分包等单位的沟通。尤其是在建筑工人紧缺的形势下，建筑企业应加强与分包商的沟通与协作，建立良好的合作关系。如果出现人力资源短缺，可以实现对人力的及时调配。

质量是建筑企业生存与发展的基础。为了加强本项目的施工质量管理，预防工程质量事故，降低返修成本，增加经济效益，可采取如下几项措施：第一，建立完善的质量控制系统。建设以项目经理为核心的质量管理体系，由项目经理承担管理与实施两方面的责任，对不合格的工序负责人有权在现场处理。第二，对原料品质进行严格的管理。对于混凝土、水泥、砂石、砖等，在选材时，优选供应商，所有商品由厂商直接提供；强化对物料的检验和质量控制；加强对原材料的现场检验，防止在工地上使用不符合要求的材料。原材料由供应部统一供应，由项目经理及时验收、送检，确保原材料的安全。第三，加强对隐蔽工程质量的监管与检查。①根据工程特点，择优选用专业的桩基施工单位；②对桩基施工的各个重要工序，如钻孔、钢筋笼制作、吊装、浇筑等，进行跟踪检查，并做好验收记录；③强化桩基质量的验收，确保桩基施工的质量。第四，强化工地管理。工地管理人员要提前做好工地和周围的安全保护工作，并对有安全隐患的地方（如基坑附近）进行重点监测，加强现场巡查，防止因事故造成的质量问题。

3.施工阶段的成本动态控制与管理

施工阶段的成本动态控制与管理过程如图 3-17 所示。

在管理中应落实下述几个工作要点：

（1）由于地质环境突变、设计变更等各种因素的影响，可能导致项目成本的变动，必须及时办理项目的签证。针对暴雨造成的基坑积水现象，施工单位要持续做好现场签证工作，与各参与方进行沟通、协商。在得到各参与方的同意后，再进行最终调整。签证信息也要由预算人员保管，以便在项目结算时使用。

（2）在本项目中，物料支出是项目造价的重要组成部分，必须加强对物料成本的控制与管理。

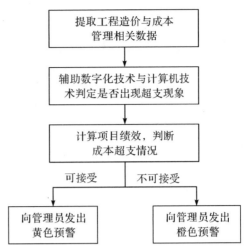

图 3-17　施工阶段的成本动态控制与管理过程

（3）在材料价格上，建筑企业要积极参与到市场中，了解市场，掌握实际的销售情况，并尽量设立自己的原料供应基地或较稳定的供应商。在保证质量的基础上，通过货比三家，选择最好的原料，并对进料进行准确计量，以减少采购成本。还要合理安排交通工具，尽量就近采购原材料，减少运输费用。

3.5.3　控制效果评价

上述论述能够有效对该建筑住宅项目在施工阶段的造价进行控制。为对控制效果进行评价，以赢得值作为评价指标。赢得值是收入价值分析方法中 BCWP 的一个参数，是在工程施工阶段，根据工程的实际工作量和预算定额得出的具体数值结果。若赢得值与计划费用相同，则说明施工实际完成效果符合预期要求，且具有良好的经济效益；反之则不然。根据上述论述，将该住宅建设项目施工阶段多个工序的完成情况以及计划费用和赢得值比较结果记录如表 3-4 所示。

从表 3-4 中记录的信息可以看出，工程量完成百分之百的施工任务，其挣得值与计划费用均完全相同，而钢筋工程、模板工程、混凝土工程和砌筑工程按照比例得出其挣得值与计划费用也符合比例条件。因此，得出结论，采用本文提出的动态控制方法可实现对施工阶段各项任务所产生造价成本的动态控制，确保负责单位的经济利益不受损。

资料来源：《基于全过程造价管理的工程造价动态控制》（中国招标）

表 3-4　工程造价动态控制结果记录

序号	任务	工作量完成百分比	计划费用/万元	赢得值/万元
1	井点降水	100%	15.2	15.2
2	基坑支护	100%	16.2	16.2
3	土方开挖	100%	76.2	76.2
4	基础施工	100%	221.2	221.2
5	土方回填	100%	18.4	18.4

续表

序号	任务	工作量完成百分比	计划费用/万元	赢得值/万元
6	钢筋工程	5%	1241.1	62.1
7	模板工程	5%	562.2	28.1
8	混凝土工程	5%	765.2	38.3
9	砌筑工程	15%	542.2	81.3

本章小结

1.内容

（1）主要内容：成本的概念；成本管理的任务；成本管理的措施；成本计划；成本控制；成本分析等。

（2）重点：成本计划和成本控制。

（3）难点：成本控制。

2.要求

熟悉工程项目成本和成本管理的含义，成本管理的任务、措施；基本掌握工程项目成本管理的内容和方法。

思考练习

某工程项目有 1500m² 水磨石楼地面施工任务，交由某分包商承包，计划于 5 个月内完工，计划的工作项目单价和计划完成的工作量如下表所述，该工程进行了 3 个月后，发现工作项目实际已完成的工作量及实际单价与原计划有偏差。

工作量表

工作项目名称	平整场地	室内夯填土	垫层	找平层	踢脚
单位	100m²	100m²	10m³	100m²	100m²
计划工作量（3 个月）	112.5	15	27	90	10.8
计划单价（元/单位）	20	45	500	1520	1700
已完成工作量（3 个月）	112.5	13.5	21.6	63	7.5
实际单价（元/单位）	20	45	500	1800	1720

试用赢值法对该项目的各项工作的费用、进度情况进行分析。（计算三个参数、两个差值和两个绩效指标）

习题解答

第三章 习题答案

第4章 建设工程项目进度管理

知识目标

　　了解工程项目进度制度和进度计划；熟悉进度管理的概念；掌握进度管理的内容与方法。

能力目标

　　具备运用进度管理方法进行进度计划编制和进度优化与控制的能力。

思政目标

　　在讲解进度管理过程中适时引入"科学发展观""团结协作""大局意识"等思政元素。

思维导图

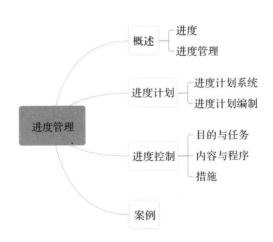

4.1　概　述

4.1.1　进　度

进度通常是指工程项目实施结果的进展情况,工程项目的进展情况通常用任务的完成情况来表达,如工程量、投资额等。由于工程项目目标的复杂性,因此工程项目的进度表达很难使用统一的、合适的指标进行全面衡量。有时时间和费用与计划都吻合,但工程实际进度(工作量)未达到目标,则后期就必须投入更多的时间和费用。

在现代工程项目管理中,人们已赋予进度以综合的含义,它将工程项目任务、工期成本有机地结合起来,形成一个综合的指标,能全面反映项目的实施状况。

工期和进度是两个既互相联系又互相区别的概念。由工期计划可以得到各项目单元的计划工期的各个时间参数,它们分别表示各层次目标的开始时间、持续时间、结束时间、时差等。工期计划定义各个工程活动的时间安排,能全面反映工程的进展状况。

工期控制的目的是使工程实施活动与工期计划在时间上相吻合,保证各工程活动按计划开工、按时完成,保证总工期目标的实现,进而保证计划进度。进度控制的总目标与工期控制是一致的,但在控制过程中它不仅追求时间上的吻合,而且追求在一定的时间内工程量的完成程度或资源消耗的一致性。

4.1.2　进度管理

进度管理是为实现预定的进度目标而进行的计划、组织、指挥、协调和控制等活动。不同利益包括业主和项目参与各方,都有进度管理的任务,但是其进度管理的目标和时间范畴是不相同的。比如,业主方控制整个项目实施阶段的进度;设计方根据设计任务委托合同控制设计工作进度;施工方根据施工任务委托合同控制施工进度;供货方根据供货合同控制供货进度(如采购、加工制造、运货等)。

进度管理过程是一个动态的循环过程。它包括确定进度目标、编制进度计划和进度计划的跟踪检查与调整。

工程项目进度管理是根据工期目标的要求,对项目各阶段的工作内容、工作时间、各活动之间的衔接关系编制实施计划,将计划付诸实施并适时检查、纠偏和调整,确保最终按期获得(完成)项目目标交付物的活动过程。工程项目进度管理包括为确保项目按期完成所必需的所有工作过程,包括工作定义、工作顺序安排、时间估计、进度计划制订和进度控制。

工程项目进度是项目三大目标的首要目标,也是工程项目管理的核心内容。但是,工程进度与工程成本、工程质量都存在相互联系。因此,工程项目进度管理常常提出进度优化的问题。此外,一个完整的工程项目进度管理包括项目进度计划与实施过程进度控制。一个科学合理的进度计划是项目成功的一半,另一半则是工程实施过程的实时监督与控制。

工程项目管理有多种类型,代表不同利益方的项目管理(业主方和项目参与各方)都有进度控制的任务,但是,其控制的目标和时间范畴并不相同。建设工程项目是在动态条件下实施的,因此进度控制也必须是一个动态的管理过程。它包括:

(1)进度目标的分析和论证,其目的是论证进度目标是否合理,进度目标是否能实现。如果经过科学的论证,目标不可能实现,则必须调整目标。

(2)在收集资料和调查研究的基础上编制进度计划。

(3)进度计划的跟踪检查与调整,包括定期跟踪检查所编制进度计划的执行情况。若其执行有偏差,则采取纠偏措施,并视必要性调整进度计划。

4.2　进度计划

4.2.1　进度计划的含义

进度计划是指每项活动开始及结束时间具体化的进度计划。在确定了项目的开始时间和结束时间后,就需要将总目标转化为具体而有序的各项任务,并对每项任务的完成时间做出安排。这种安排就构成了进度计划,包括所有的工作任务、相关成本和完成任务所需要的时间估计等。

工程项目进度计划就是规定各项工程施工顺序和开工时间以及相互衔接关系的计划,是在确立工程施工项目目标工期基础上,根据完成的相应工程量,对各项施工过程的施工顺序、起止时间和相互衔接关系所做的统筹安排。例如,施工计划是施工过程的时间序列和作业进程速度的综合概念,是在确定施工项目目标工期的基础上,根据应完成的工程量,对各项施工过程的施工顺序、起止时间和相互衔接关系以及所需的劳动力和各种技术物质的供应所做的具体策划和统筹安排。通过拟订施工进度计划,可保证施工项目能够在规定的工期内,以尽可能低的成本,高质量地完成。

4.2.2　进度计划系统

建设工程项目进度计划系统是由多个相互关联的进度计划组成的系统,它是项目进度控制的依据。由于各种进度计划编制所需要的必要资料是在项目进展过程中逐步形成的,因此项目进度计划系统的建立和完善也有一个过程,它是逐步形成的。常见的进度计划系统主要有 4 个层次:总进度纲要、总进度规划、项目进度计划和项目实施计划,如图 4-1 所示。图 4-2 是一种建设工程项目进度计划系统的示例。

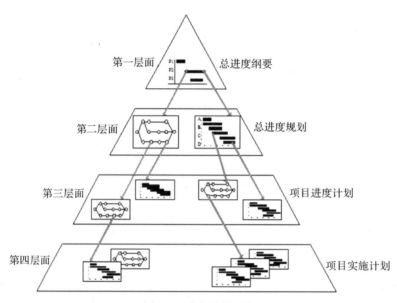

图 4-1　进度计划系统

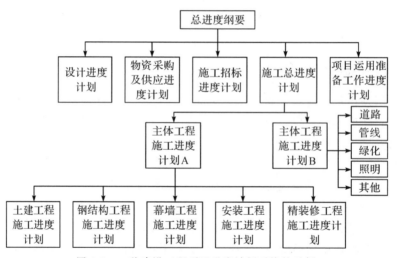

图 4-2　一种建设工程项目进度计划系统的示例

根据项目进度控制不同的需要和不同的用途,业主方和项目各参与方可以构建多个建设工程项目进度计划系统,如:

(1)由多个相互关联的不同计划深度的进度计划组成的计划系统;

(2)由多个相互关联的不同计划功能的进度计划组成的计划系统;

(3)由多个相互关联的不同项目参与方的进度计划组成的计划系统;

(4)由多个相互关联的不同计划周期的进度计划组成的计划系统等。

由不同深度的计划构成进度计划系统,包括:

(1)总进度规划(计划);

(2)项目子系统进度规划(计划);

（3）项目子系统中的单项工程进度计划等。

由不同功能的计划构成进度计划系统，包括：

（1）控制性进度规划（计划）；

（2）指导性进度规划（计划）；

（3）实施性（操作性）进度计划等。

由不同项目参与方的计划构成进度计划系统，包括：

（1）业主方编制的整个项目实施的进度计划；

（2）设计进度计划；

（3）施工和设备安装进度计划；

（4）采购和供货进度计划等。

由不同周期的计划构成进度计划系统，包括：

（1）5 年建设进度计划；

（2）年度、季度、月度和旬计划等。

在建设工程项目进度计划系统中各进度计划或各子系统进度计划编制和调整时必须注意其相互间的联系和协调，如：

（1）总进度规划（计划）、项目子系统进度规划（计划）与项目子系统中的单项工程进度计划之间的联系和协调；

（2）控制性进度规划（计划）、指导性进度规划（计划）与实施性（操作性）进度计划之间的联系和协调；

（3）业主方编制的整个项目实施的进度计划、设计方编制的进度计划、施工和设备安装方编制的进度计划与采购和供货方编制的进度计划之间的联系和协调等。

4.2.3　进度计划编制

1.编制依据

工程项目进度计划编制一般根据以下资料进行：

（1）工程合同工程

合同既是联系各工程项目建设参与单位的纽带，也是确定工程项目管理目标的基础。在编制工程项目进度计划时，首先应该根据工程合同了解工程项目建设的具体任务容，并根据合同工期确定工程项目进度管理的总目标。

（2）工程设计图纸

工程合同中虽然包含工程项目建设的具体任务内容，但是工程合同对工程项目建设的叙述往往是比较笼统的，必须对工程设计图纸进行认真分析后才能够得到工程项目建设任务的工程量等详细信息。因此，工程设计图纸是工程项目进度计划编制过程中不可少的基础资料。

（3）工程项目实施方案

工程项目进度与工程项目实施方案的关系非常密切。同样的工作内容、相同的工量，采用不同的施工工艺，就会产生不同的项目进度。即使是同样的工作内容、相同的程量、采用相同的施工工艺，如果投入的人员和设备情况不同，则工程项目的进度也不同。

因此,在工程项目进度计划编制之前,编制人员应该详细了解工程项目实施方案。

（4）工期定额

工期定额是计算工程项目进度的基础,在工程项目进度计划编制过程中,编制人员该了解工程项目实施方案中所投入的人力、物力等情况,科学、合理地计算各项工程项目建设工作的合理工期,并根据各项工作的合理工期和各项工作之间的逻辑关系最终确定工程项目的进度计划。

（5）相关工作的进度计划及实施情况

工程项目的进度除了与实施单位的工作安排有关外,还与相关工作的进展情况关系密切。如工程施工必须有施工图,如果施工图出图延误,施工就没办法按照计划进行。因此,在工程项目进度计划编制过程中,编制人员除了要考虑本单位的具体情况外,还必须掌握相关工作的进度计划及实施情况。只有这样才能制订出切实可行的工程项目进度计划。

（6）其他资料

工程项目实施进度的影响因素非常多,在工程项目进度计划编制过程中,编制人员除了要考虑上述影响因素外,还需要考虑气象条件、工程场地的地质条件和周围环境条件等许多因素。因此,编制人员在编制工程项目进度计划之前,需要尽可能多地考虑项目进度的影响因素,并尽可能多地收集相关资料。

2. 编制方法

常用的工程项目进度计划编制方法有横道图和网络图等。

（1）横道图

横道图是美国人甘特（Gantt）在 20 世纪 20 年代提出的一种进度计划表示方法,它在国外被称为甘特图,是传统的进度计划表示方法。

横道图是一种图和表相结合的进度计划表现形式,工程活动的时间用表格形式在图的上方呈横向排列,工程活动的具体内容则用表格形式在图的左侧纵向排列,图的主体部分以横道（进度线）表示工程活动从开始到结束的时间,横道所对应的位置与时间坐标相对应,横道的长短表示工程活动持续时间的长短。这种表达方式非常直观,并且很容易看懂计划编制的意图。

横道图是一种最简单、最形象、运用最广泛的传统的进度计划表示方法,尽管出现了许多新的计划技术,横道图在建设领域中的应用仍然非常普遍。

通常横道图的表头为工作及其简要说明,项目进展表示在时间表格上,如图 4-3 和 4-4所示。按照所表示工作的详细程度,时间单位可以为小时、天、周、月等。这些时间单位经常用日历表示,此时可表示非工作时间,如停工时间、公众假日、假期等。根据此横道图使用者的要求,工作可按照时间先后、责任、项目对象、同类资源等进行排序。

横道图也可将工作简要说明直接放在横道上。横道图可将最重要的逻辑关系标注在内,但是,如果将所有逻辑关系均标注在图上,则横道图的简洁性这个最大优点将丧失。

横道图用于小型项目或大型项目的子项目上,或用于计算资源需要量和概要预示进度,也可用于其他计划技术的表示结果。

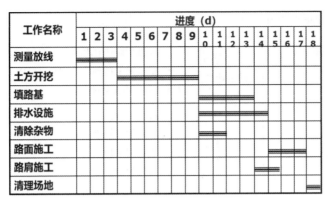

图 4-3　横道图示例 1

编号	项目名称	2021年3月—2021年9月								
		3月	4月	5月	6月	7月	8月	9月	10月	11月
1	支护降水									
2	基础工程									
3	主体负一层									
4	主体一层									
5	主体二、三层									
6	屋面工程									
7	砌筑负一层									
8	砌筑一层									
9	砌筑二、三层									
10	装饰负一层									
11	装饰一层									
12	装饰二、三层									
13	安装工程									
14	其他工程									
15	验收及收尾									

图 4-4　横道图示例 2

横道图计划表中的进度线(横道)与时间坐标相对应,这种表达方式较直观,易看懂计划编制的意图。但是,横道图进度计划法也存在一些问题,如:

①工序(工作)之间的逻辑关系可以设法表达,但不易表达清楚;

②适用于手工编制计划;

③没有通过严谨的进度计划时间参数计算,不能确定计划的关键工作、关键路线与时差;

④难以适应大的进度计划系统。

(2)网络图

网络计划技术是 20 世纪 50 年代后期发展起来的一种科学的计划管理和系统分析方法。国际上,工程网络计划有许多名称,如 CPM、PERT、CPA、MPM 等。近年来,网络计划技术与决策论、排队论、控制论、仿真技术相结合,相继产生了搭接网络技术(PDN)、决策网络技术(DN)、图示评审技术(GERT)、风险评审技术(VERT)等一大批现代计划管理方法。网络计划技术已成为我国工程建设领域推行现代化管理的必不可少的方法。

工程网络计划的类型有以下几种不同的划分方法:

①工程网络计划技术按工作之间逻辑关系和持续时间的确定程度划分为肯定型网

络计划技术和非肯定型网络计划技术等,如图 4-5 所示。

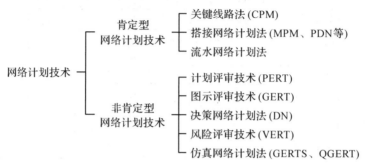

图 4-5 按工作之间逻辑关系和持续时间的确定程度划分的网络计划技术

②工程网络计划技术按工作和事件在网络图中的表示方法划分为事件网络和工作网络。

a. 以箭线表示工作的网络计划[我国《工程网络计划技术规程》(JGJ/T 121—2015)称为双代号网络计划],如图 4-6 所示。

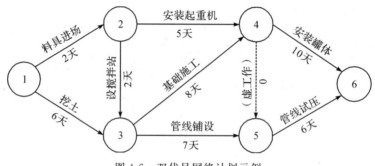

图 4-6 双代号网络计划示例

b. 以节点表示工作的网络计划[我国《工程网络计划技术规程》(JGJ/T 121—2015)称为单代号网络计划],如图 4-7 所示。

③工程网络计划按计划平面的个数划分为单平面网络计划和多平面网络计划(多阶网络计划,分级网络计划)。

美国较多使用双代号网络计划,欧洲则较多使用单代号搭接网络计划。

我国《工程网络计划技术规程》(JGJ/T 121—2015)推荐的常用的工程网络计划类型包括:双代号网络计划、单代号网络计划、双代号时标网络计划、单代号搭接网络计划。

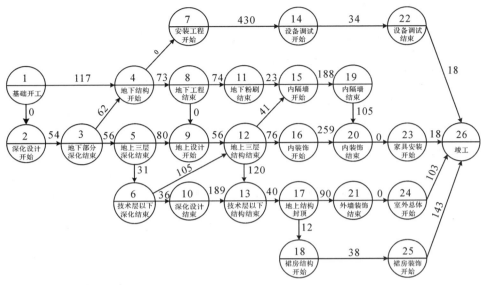

图 4-7　事件节点网络示例

4.3　进度控制

4.3.1　进度控制的目的与任务

1. 进度控制的目的

工程项目进度控制是指管理者为了实现工期目标,对工程项目建设过程中各项工作的内容、工作顺序和工作时间进行规划、组织、协调、监督和纠偏的行为过程。

进度控制的目的是通过控制以实现工程的进度目标,按期完工。如只重视进度计划的编制,而不重视进度计划必要的调整,则进度无法得到控制。为了实现进度目标,进度控制的过程也就是随着项目的进展,进度计划不断调整的过程。

在各参与方中,施工方是工程实施的一个重要参与方。许多工程项目,特别是大型重点建设工程项目,工期紧、进度压力大,数百天的连续施工,一天两班制施工,甚至 24小时连续施工时有发生。不是正常有序地施工,而盲目赶工,难免会导致施工质量问题和施工安全问题的出现,并且会引起施工成本的增加。因此,施工进度控制不仅关系到施工进度目标能否实现,而且直接关系到工程的质量和成本。在工程施工实践中,必须树立和坚持一个最基本的工程管理原则,即在确保工程质量的前提下,控制工程的进度。

为了有效地控制施工进度,尽可能摆脱因进度压力而造成工程组织的被动,施工方有关管理人员应深化理解：

(1)整个建设工程项目的进度目标如何确定；

(2)有哪些影响整个建设工程项目进度目标实现的主要因素；

(3)如何正确处理工程进度和工程质量的关系；

(4)施工方在整个建设工程项目进度目标实现中的地位和作用；

(5)影响施工进度目标实现的主要因素；

(6)施工进度控制的基本理论、方法、措施和手段等。

2.进度控制的任务

业主方进度控制的任务是控制整个项目实施阶段的进度，包括控制设计准备阶段的工作进度、设计工作进度、施工进度、物资采购工作进度，以及项目动工前准备阶段的工作进度。

设计方进度控制的任务是依据设计任务委托合同对设计工作进度的要求控制设计工作进度，这是设计方履行合同的义务。另外，设计方应尽可能使设计工作的进度与招标、施工和物资采购等工作进度相协调。在国际上，设计进度计划主要是各设计阶段的设计图纸(包括有关的说明)的出图计划，在出图计划中标明每张图纸的名称、图纸规格、负责人和出图日期。出图计划是设计方进度控制的依据，也是业主方控制设计进度的依据。

施工方进度控制的任务是依据施工任务委托合同对施工进度的要求控制施工进度，这是施工方履行合同的义务。在进度计划编制方面，施工方应视项目的特点和施工进度控制的需要，编制深度不同的控制性、指导性和实施性施工的进度计划，以及按不同计划周期(年度、季度、月度和旬)的施工计划等。

供货方进度控制的任务是依据供货合同对供货的要求控制供货进度，这是供货方履行合同的义务。供货进度计划应包括供货的所有环节，如采购、加工制造、运输等。

4.3.2 进度控制的内容与程序

工程项目的进度控制包括以下一些工作内容：

(1)采用各种控制手段保证工程项目各项工作按计划及时开始。

(2)在实施过程中，监督工程项目的进展情况，即在工程实施过程中详细记录各项工作的开始和结束时间、完成程度等信息，并在各控制期末(如月末、季末，分部分项工程的结束阶段等)将各活动的完成程度与计划进行对比，确定各项工作计划的完成情况。

(3)项目进度情况评价。结合工期、生产成果的数量和质量、劳动效率、资源消耗、预算等指标，对项目进度状况进行综合评价，并对进度偏差做出解释，分析其产生的原因。

(4)评定进度偏差对项目工期目标的影响。根据工程项目进度偏差和后续工作的具体情况，分析项目进展趋势，预测后期进度状况，对进度偏差对项目工期目标的影响做出评价。

(5)进度计划调整。根据已完成状况及进度偏差产生的原因，有针对性地提出进度偏差消除措施，并对下一阶段的工作做出详细安排和计划，调整进度计划。

(6)调整后的进度计划评审。对调整后的进度计划进行评审，分析进度偏差消除措施的效果，确保调整后的工期符合进度控制目标的要求。

(7)调整下一阶段的工作安排,努力将工程项目的进度控制在进度计划的目标范围之内。进度计划调整后,应将对进度计划的变更通知相关各方,并做好相关工作安排的调整工作,以保证下一阶段的工作安排能够按照调整后的进度计划正常开展。

工程施工进度控制工作程序如图 4-8 所示。

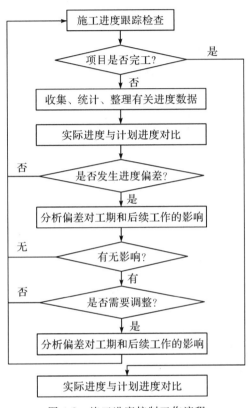

图 4-8　施工进度控制工作流程

4.3.2　进度控制的措施

1.组织措施

组织是目标能否实现的决定性因素,为实现项目的进度目标,应充分重视健全项目管理的组织体系。在项目组织结构中应有专门的工作部门和符合进度控制岗位资格的专人负责进度控制工作。

进度控制的主要工作环节包括进度目标的分析和论证、编制进度计划、定期跟踪进度计划的执行情况、采取纠偏措施以及调整进度计划。这些工作任务和相应的管理职能应在项目管理组织设计的任务分工表和管理职能分工表中标示并落实。

应编制项目进度控制的工作流程,如:

(1)定义项目进度计划系统的组成;

(2)各类进度计划的编制程序、审批程序和计划调整程序等。

进度控制工作包含大量的组织和协调工作,而会议是组织和协调的重要手段,应进

行有关进度控制会议的组织设计,以明确:

(1)会议的类型;

(2)各类会议的主持人及参加单位和人员;

(3)各类会议的召开时间;

(4)各类会议文件的整理、分发和确认等。

2.管理措施

建设工程项目进度控制的管理措施涉及管理的思想、管理的方法、管理的手段、承发包模式、合同管理和风险管理等。在理顺组织的前提下,科学和严谨的管理显得十分重要。

建设工程项目进度控制在管理观念方面存在的主要问题是:

(1)缺乏进度计划系统的观念:分别编制各种独立而互不联系的计划,形成不了计划系统。

(2)缺乏动态控制的观念:只重视计划的编制,而不重视及时地进行计划的动态调整。

(3)缺乏进度计划多方案比较和选优的观念:合理的进度计划应体现资源的合理使用、工作面的合理安排、有利于提高建设质量、有利于文明施工和有利于合理地缩短建设周期。

用工程网络计划的方法编制进度计划必须很严谨地分析和考虑工作之间的逻辑关系。工程网络的计算可发现关键工作和关键路线,也可知道非关键工作可使用的时差,采用工程网络计划的方法有利于实现进度控制的科学化。

承发包模式的选择直接关系到工程实施的组织和协调。为了实现进度目标,应选择合理的合同结构,以避免过多的合同交界面而影响工程的进展。工程物资的采购模式对进度也有直接的影响,对此应作比较分析。

为实现进度目标,不但应进行进度控制,还应注意分析影响工程进度的风险,并在分析的基础上采取风险管理措施,以减少进度失控的风险量。常见的影响工程进度的风险,如:①组织风险;②管理风险;③合同风险;④资源(人力、物力和财力)风险;⑤技术风险等。

重视信息技术(包括相应的软件、局域网、互联网以及数据处理设备)在进度控制中的应用。虽然信息技术对进度控制而言只是一种管理手段,但它的应用有利于提高进度信息处理的效率,有利于提高进度信息的透明度,有利于促进进度信息的交流和项目各参与方的协同工作。

3.经济措施

建设工程项目进度控制的经济措施涉及资金需求计划、资金供应的条件和经济激励措施等。为确保进度目标的实现,应编制与进度计划相适应的资源需求计划(资源进度计划),包括资金需求计划和其他资源(人力和物力资源)需求计划,以反映工程实施的各时段所需要的资源。通过资源需求的分析,可发现所编制的进度计划实现的可能性,若资源条件不具备,则应调整进度计划。资金需求计划也是工程融资的重要依据。

资金供应条件包括可能的资金总供应量、资金来源(自有资金和外来资金)以及资金供应的时间。在工程预算中应考虑加快工程进度所需要的资金,其中包括为实现进度目标将要采取的经济激励措施所需要的费用。

4.技术措施

建设工程项目进度控制的技术措施涉及对实现进度目标有利的设计技术和施工技术的选用。不同的设计理念、设计技术路线、设计方案会对工程进度产生不同的影响,在设计工作的前期,特别是在设计方案评审和选用时,应对设计技术与工程进度的关系作分析比较。在工程进度受阻时,应分析是否存在设计技术的影响因素,为实现进度目标有无设计变更的可能性。

施工方案对工程进度有直接的影响,在决策其是否能选用时,不仅应分析技术的先进性和经济合理性,还应考虑其对进度的影响。在工程进度受阻时,应分析是否存在施工技术的影响因素,为实现进度目标有无改变施工技术、施工方法和施工机械的可能性。

4.4　案　例

SX 国际会展中心项目包含大型会展场馆、多功能展厅、会议中心等功能,地上建筑面积 13.5 万平方米,地下建筑面积 3.9 万平方米,总建筑面积约 17.4 万平方米,项目效果如图 4-9 所示。结构设计采用钢结构主体,实现结构装配率 60% 以上,同时建筑横跨地铁线,实现场馆与地铁站的无缝连接与结构转换。

图 4-9　SX 国际会展中心项目效果

在施工过程中,总承包公司从人、机、料、法、环等各项生产要素的优化组合、施工进度总体控制、多工序工种协调配合等全方面管理出发,发挥公司 EPC 总承包的专业实力,统筹考虑,总体部署,对施工进度计划进行严格的控制和科学管理,以确保工期目标的顺利实现。

施工总体进度计划及保障措施是实现进度计划的重要保证,可通过对各项工序工作量的统计和工作任务的分解,选择合理科学的施工方法,实现资源配置的有效组织与利用,以及对各项工序的有效协调与控制。通过制定组织、技术、资金信息等强有力的措施保证,运用现代科学管理原理,实施对施工进度进行全过程控制,确保进度计划的实现,达到预期目标。进度计划编制思路如图 4-10 所示。

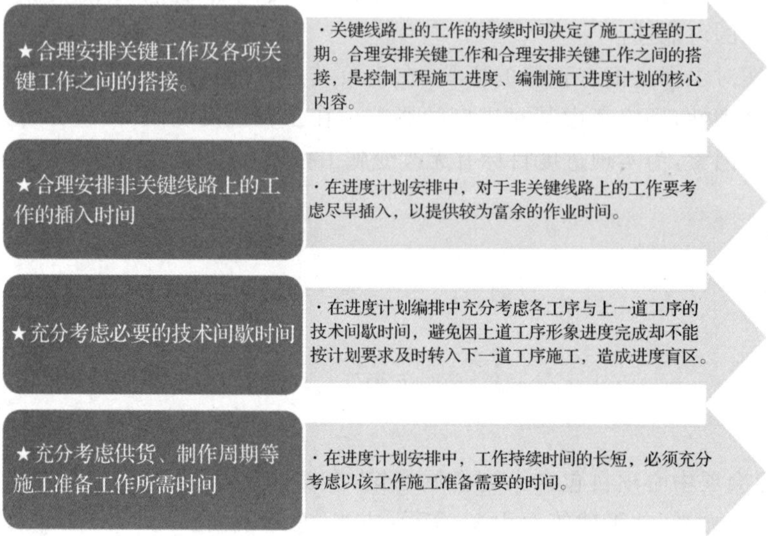

★合理安排关键工作及各项关键工作之间的搭接。	·关键线路上的工作的持续时间决定了施工过程的工期。合理安排关键工作和合理安排关键工作之间的搭接,是控制工程施工进度、编制施工进度计划的核心内容。
★合理安排非关键线路上的工作的插入时间	·在进度计划安排中,对于非关键线路上的工作要考虑尽早插入,以提供较为富余的作业时间。
★充分考虑必要的技术间歇时间	·在进度计划编制中充分考虑各工序与上一道工序的技术间歇时间,避免因上道工序形象进度完成却不能按计划要求及时转入下一道工序施工,造成进度盲区。
★充分考虑供货、制作周期等施工准备工作所需时间	·在进度计划安排中,工作持续时间的长短,必须充分考虑以该工作施工准备需要的时间。

图 4-10　进度保障措施

该工程进度计划编制主要采用横道图和网络图的形式,横道图采用微软 Project 2016 软件编制,网络图采用广联达梦龙软件编制。

工期节点安排如表 4-1 所示。

表 4-1　工期节点安排

任务名称	开始时间	完成时间	工期(日历天)
SX 国际会展中心项目	2018.12.15	2020.12.3	720
1 施工准备	2018.12.15	2019.1.31	48
1.1 项目管理策划编制	2018.12.15	2018.12.24	10
1.2 项目管理架构建立、人员进场	2018.12.20	2018.12.26	7
1.3 项目部实施计划编制	2018.12.20	2019.1.13	20
1.4 场地移交	2018.12.27	2018.12.27	1

任务名称	开始时间	完成时间	工期（日历天）
1.5 三通一平（场区规划及临建搭设、临水临电设置）	2018.12.28	2019.1.26	30
1.6 开工报告	2019.1.27	2019.1.31	5
2 设计阶段	2018.12.15	2019.12.24	375
2.1 初步设计	2018.12.15	2019.2.2	50
2.2 施工图设计	2019.1.4	2019.6.27	175
2.3 施工图审查	2019.5.19	2019.6.2	15
2.4 专项设计	2019.6.3	2019.11.24	175
2.5 二次深化设计	2019.5.4	2019.12.24	235
3 采购计划	2019.1.30	2020.6.7	495
3.1 设备租赁	2019.7.15	2019.10.9	87
3.2 材料采购	2019.1.30	2020.6.7	495
3.3 设备采购	2019.9.27	2020.3.24	180
4 钢结构加工计划	2019.7.8	2020.4.27	295
4.1 2♯展厅工厂加工及运输	2019.7.8	2020.1.3	180
4.2 1♯展厅工厂加工及运输	2019.11.5	2020.4.27	175
4.3 会议中心钢结构加工及运输	2019.10.18	2019.11.16	30
5 施工计划	2019.2.15	2020.11.18	643
5.1 2♯展厅、下沉广场施工计划	2019.2.15	2020.11.15	640
5.2 1♯展厅施工计划	2019.7.15	2020.11.18	493
5.3 会议中心	2019.2.15	2020.10.26	620
6 水上秀场、地下通道等配套工程	2019.7.23	2020.6.1	315
6.1 地基及基础	2019.7.23	2019.10.30	100
6.2 主体结构	2019.11.25	2020.2.22	90
6.3 屋面工程	2020.3.21	2020.4.19	30
6.4 外装饰工程	2020.2.23	2020.4.22	60
6.5 室外工程	2020.3.4	2020.6.1	90
7 验收计划	2019.5.9	2020.12.3	575
7.1 专项验收	2019.5.9	2020.11.30	572
7.2 验收及移交	2020.11.14	2020.12.3	20

进度计划横道如图 4-11 所示。

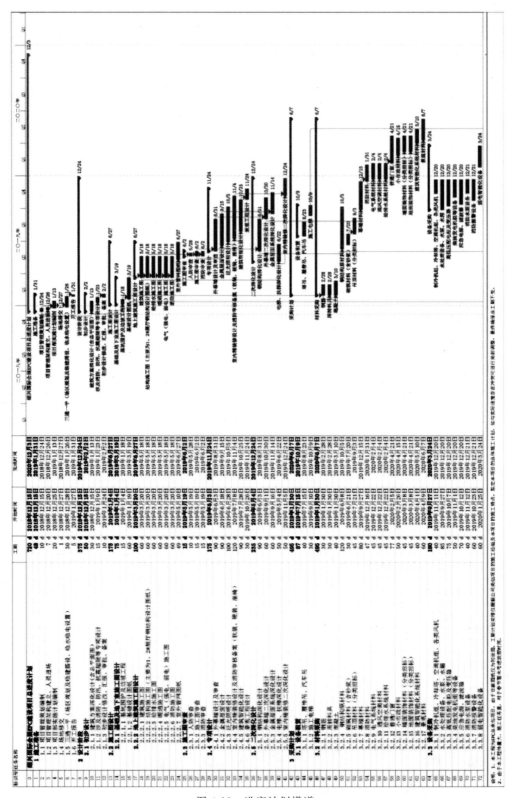

图 4-11　进度计划横道

施工进度计划包括施工总进度计划、阶段进度计划、分部分项工程进度计划、材料计划、劳动力计划、月(周)进度作业计划等,形成了一个进度控制系统。

按工程系统构成、施工阶段和部位等逐层分解,编制对象从大到小,范围由总体到局部,层次由高到低,内容由粗到细的完整的计划系统。计划的执行由下而上,从周、月进度计划,分部分项工程进度计划开始,逐级按进度目标控制,最终完成施工项目总进度计划。施工进度计划管理控制组织机构如图 4-12 所示,施工进度计划管理控制流程如图 4-13所示。

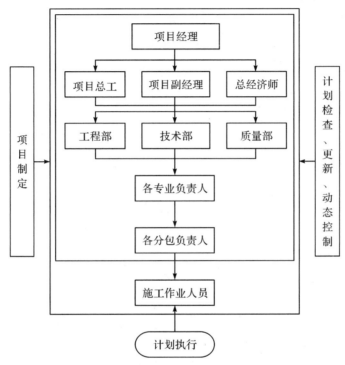

图 4-12　施工进度计划管理控制组织机构

(1)施工总进度计划。表述各专业工程的阶段目标,并由此导出工程整体工期目标,形成总控制计划,并提供给业主、监理。总控制计划采用横道图与网络图两种方式进行管理。在施工过程中,以总进度计划作为控制基准线,各部门及各分包均以此进度计划为主线,编制施工项目综合进度计划实现的各项管理计划,并在施工过程中进行监控和动态管理。总进度计划为本公司承诺向业主实施合同进度保证的方式之一。

(2)阶段施工进度计划。以总进度计划为基础,以主要分部分项工程为目标,以专业阶段划分为基础,分解出每个阶段具体实施时所需完成的工作内容,并以此形成阶段计划,便于各专业进度的安排、组织与落实,实现有效的控制工程进度,在劳务队和分包进场时提供给他们,使他们对自己的工作时间有明确的认识。在每次月总结时,将二级进度完成向全体人员、劳务分包商、材料分包商和专业分包商通报。

(3)月施工进度计划。以二级进度计划为依据,进行流水施工和穿插时间的工作安

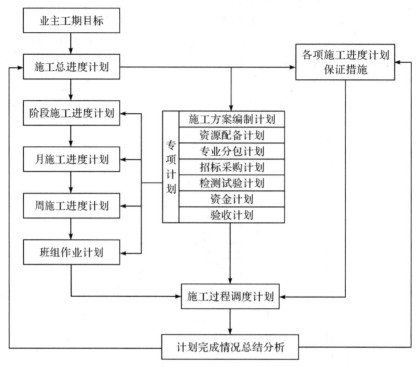

图 4-13 施工进度计划管理控制流程

排,进一步加强控制范围和力度。月计划的安排,考虑到每个参与工程施工的单位均需要重视,因此要具体控制到每一个过程所需的时间,充分考虑到各专业分包间在具体操作时要控制的时间,这是对各分包单位进行监控和实施管理力度的最大优点,是所有部门与专业组、专业分包商必须服从的重点,是优化动态管理的依据。

(4)周施工进度计划、补充计划和分项控制计划。

补充计划:每月固定日(如 25 日)向业主提供下月计划,并对计划中出现的偏差进行纠偏,对修改后的计划及时制订补充计划,并上报监理审批。

分项控制计划:按照工程实施情况,将制订分项控制计划。分项控制计划在专业穿插,施工进度较紧,或工序复杂的情况下采用。

周计划:周计划是每周各专业队伍及分包要具体完成的工作计划,由各专业现场负责人在工程例会上落实,并在下次工程例会上进行检查。将每周完成的工作情况与下周工作计划的调整和纠偏在监理例会向业主与监理进行通报。

本章小结

1.内容

(1)主要内容:进度的概念;进度管理的概念;进度计划系统及其编制;进度控制的内容、程序及措施等。

(2)重点:进度控制的内容与程序。

(3)难点:进度计划编制。

2.要求

熟悉工程项目进度和进度管理的基本概念;基本掌握工程项目进度管理的内容与方法。

 思考练习

已知网络计划的资料如下表:

工作	紧前工作	紧后工作	持续时间/日	劳动力投入/(人·日)
A_1	——	A_2、B_1	2	4
A_2	A_1	A_3、B_2	5	2
A_3	A_2	B_3	3	3
B_1	A_1	B_2、C_1	2	3
B_2	A_2、B_1	C_2、B_3	2	6
B_3	A_3、B_2	C_3	3	5
C_1	B_1	C_2	4	4
C_2	C_1、B_2	C_3	2	3
C_3	C_2、B_3	——	1	3

(1)根据表格绘制双代号时标网络图,在图上标出工作的总时差(总时差为零不用标出),并找出关键路线。

(2)该计划执行到第 10 日末检查实际进度时,发现工作 A_1、A_2、B_1、C_1 已经全部完成,工作 A_3 完成计划工作量的 2/3,工作 B_2 完成计划工作量的 50%,工作 C_2 完成计划工作量的 50%,试用前锋线法进行实际进度与计划进度的比较(在第一问的网络图中绘制并用文字说明这几项工作实际进度对总工期及后续工作的影响)。

(3)如果劳动力限制 10 人,请做新的工期安排。

 习题解答

第四章　习题答案

第5章 建设工程项目质量管理

◀▶ ----------------------------------

◀ **知识目标**

　　了解工程项目质量管理和质量控制；熟悉质量管理的内容与方法；掌握质量不合格的处理方法。

◀ **能力目标**

　　具备运用质量管理方法进行质量控制与改进的能力。

◀ **思政目标**

　　在讲解进度管理过程中适时引入"中国制造""工匠精神""高质量发展"等思政元素。

◀ **思维导图**

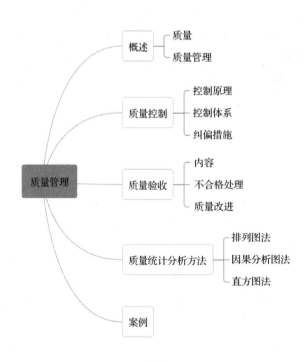

5.1　概　述

5.1.1　质　量

狭义的质量是指产品本身所具有的特性(性能、寿命、可靠性、安全性、经济性)。广义的质量是指产品本身所具有的特性,包含形成产品过程中的工作质量。

我国标准《质量管理体系　基础和术语》(GB/T 19000－2016)关于质量的定义是:一组固有特性满足要求的程度。该定义可理解为:质量不仅是指产品的质量,也包括产品生产活动或过程的工作质量,还包括质量管理体系运行的质量;质量由一组固有的特性来表征("固有的"特性是指本来就有的、永久的特性),这些固有特性是指满足顾客和其他相关方要求的特性,以其满足要求的程度来衡量;而质量要求是指明示的、隐含的或必须履行的需要和期望,这些要求又是动态的、发展的和相对的。也就是说,质量"好"或者"差",以其固有特性满足质量要求的程度来衡量。

质量是建设工程项目管理的主要控制目标之一。建设工程项目质量是指通过项目实施形成的工程实体的质量,是反映建筑工程是否满足相关标准规定或合同约定的要求。质量特性主要体现在适用性、安全性、耐久性、可靠性、经济性及与环境的协调性六个方面。

5.1.2　质量管理

质量管理就是在一定技术经济条件下,为保证和提高产品质量而进行的一系列管理工作。

我国标准《质量管理体系　基础和术语》(GB/T 19000－2016)关于质量管理的定义是:在质量方面指挥和控制组织的协调的活动。与质量有关的活动,通常包括质量方针和质量目标的建立、质量策划、质量控制、质量保证和质量改进等。所以,质量管理就是建立和确定质量方针、质量目标及职责,并在质量管理体系中通过质量策划、质量控制、质量保证和质量改进等手段来实施和实现全部质量管理职能的所有活动。

工程项目质量管理是指在工程项目实施过程中,指挥和控制项目参与各方关于质量的相互协调的活动,是围绕着使工程项目满足质量要求,而开展的策划、组织、计划、实施、检查、监督和审核等所有管理活动的总和。它是工程项目的建设、勘察、设计、施工、监理等单位的共同职责,项目参与各方的项目经理必须调动与项目质量有关的所有人员的积极性,共同做好本职工作,才能完成项目质量管理的任务。

5.1.3　质量控制

质量控制是质量管理的一部分,是致力于满足质量要求的一系列相关活动。这些活动主要包括：

(1)设定目标：设定要求，确定需要控制的标准、区间、范围、区域；

(2)测量结果：测量满足所设定目标的程度；

(3)评价：评价控制的能力和效果；

(4)纠偏：对不满足设定目标的偏差，及时纠偏，保持控制能力的稳定性。

质量控制是在明确的质量目标和具体的条件下，通过行动方案和资源配置的计划、实施、检查和监督，进行质量目标的事前预控、事中控制和事后纠偏控制，实现预期质量目标的系统过程。

工程项目的质量要求是由业主方提出的，即项目的质量目标，是业主的建设意图通过项目策划，包括项目的定义及建设规模、系统构成、使用功能和价值、规格、档次、标准等的定位策划和目标决策来确定的。工程项目质量控制，就是在项目实施整个过程中，包括项目的勘察设计、招标采购、施工安装、竣工验收等各个阶段，项目参与各方致力于实现业主要求的项目质量总目标的一系列活动。

工程项目质量控制包括项目的建设、勘察、设计、施工、监理各方的质量控制活动。

建设工程项目的质量控制，需要系统有效地应用质量管理和质量控制的基本原理和方法，建立和运行工程项目质量控制体系，落实项目参与各方的质量责任，通过项目实施过程各个环节质量控制的职能活动，有效预防和正确处理可能发生的工程质量事故，在政府的监督下实现建设工程项目的质量目标。

本章内容主要包括：建设工程项目质量控制的内涵；建设工程项目质量控制体系；建设工程项目施工质量控制；建设工程项目质量验收；施工质量不合格的处理；数理统计方法在施工质量管理中的应用；建设工程项目质量的政府监督。

5.1.4　工程项目质量影响因素

工程项目质量影响因素多、质量波动大、易变异、质量隐蔽性、终检的局限性等，都要求建设工程质量管理必须是全过程的、动态的管理，应遵循一定的质量管理原则，随时间、地点、条件、人的因素、物的因素的发展而变化。

工程项目质量的影响因素，主要是指在项目质量目标策划、决策和实现过程中影响质量形成的各种客观因素和主观因素，包括人的因素(man)、机械因素(machine)、材料因素(material)、方法因素(method)和环境因素(environment)〔简称人、机、料、法、环(4M1E)〕等。

1.人的因素

在工程项目质量管理中，人的因素起决定性的作用。项目质量控制应以控制人的因素为基本出发点。影响项目质量的人的因素，包括两个方面：一是指直接履行项目质量职能的决策者、管理者和作业者个人的质量意识及质量活动能力；二是指承担项目策划、决策或实施的建设单位、勘察设计单位、咨询服务机构、工程承包企业等实体组织的质量管理体系及其管理能力。前者是个体的人，后者是群体的人。我国实行建筑业企业经营资质管理制度、市场准入制度、执业资格注册制度、作业及管理人员持证上岗制度等，从本质上说，都是对从事建设工程活动的人的素质和能力进行必要的控制。人，作为控制对象,人的工作应避免失误;作为控制动力,应充分调动人的积极性,发挥人的主导作用。因此,必须有效控制项目参与各方的人员素质,不断提高人的质量活动能力,才能保证项目质量。

2.机械因素

机械包括工程设备、施工机械和各类施工器具。工程设备是指组成工程实体的工艺设备和各类机具,如各类生产设备,装置和辅助配套的电梯、泵机,以及通风空调、消防、环保设备等,它们是工程项目的重要组成部分,其质量的优劣,直接影响到工程使用功能的发挥。施工机械和各类工器具是指施工过程中使用的各类机具设备,包括运输设备、吊装设备、操作工具、测量仪器、计量器具以及施工安全设施等。施工机械设备是所有施工方案和工法得以实施的重要物质基础,合理选择和正确使用施工机械设备是保证项目施工质量和安全的重要条件。

3.材料因素

材料包括工程材料和施工用料,又包括原材料、半成品、成品、构配件和周转材料等各类材料,是工程施工的基本物质条件。材料质量是工程质量的基础,材料质量不符合要求,工程质量就不可能达到标准。所以,加强对材料的质量控制,是保证工程质量的基础。

4.方法因素

方法因素也可以称为技术因素,包括勘察、设计、施工所采用的技术和方法,以及工程检测、试验的技术和方法等。从某种程度上说,技术方案和工艺水平的高低,决定了项目质量的优劣。依据科学的理论,采用先进合理的技术方案和措施,按照规范进行勘察、设计、施工,必将对保证项目的结构安全和满足使用功能,对组成质量因素的产品精度、强度、平整度、清洁度、耐久性等物理和化学特性等起到良好的推进作用。比如,建设主管部门近年在建筑业中推广应用的10项新的应用技术,包括地基基础和地下空间工程技术、高性能混凝土技术、高强度钢筋和预应力技术、新型模板及脚手架应用技术、钢结构技术、建筑防水技术等,对消除质量通病、保证建设工程质量起到了积极作用,收到了明显的效果。

5.环境因素

影响项目质量的环境因素,又包括项目的自然环境因素、社会环境因素、管理环境因素和作业环境因素。

(1)自然环境因素

自然环境因素主要是指工程地质、水文、气象条件和地下障碍物以及其他不可抗力等影响项目质量的因素。例如,复杂的地质条件必然对地基处理和房屋基础设计提出更高的要求,处理不当就会对结构安全造成不利影响;在地下水位高的地区,若在雨期进行基坑开挖,遇到连续降雨或排水困难,就会引起基坑塌方或地基受水浸泡影响承载力等;在寒冷地区冬期施工措施不当,工程会因受到冻融而影响质量;在基层未干燥或大风天进行卷材屋面防水层的施工,就会导致粘贴不牢及空鼓等质量问题等。

(2)社会环境因素

社会环境因素主要是指会对项目质量造成影响的各种社会环境因素,包括国家建设法律法规的健全程度及其执法力度;建设工程项目法人决策的理性化程度以及建筑业经营者的经营管理理念;建筑市场包括建设工程交易市场和建筑生产要素市场的发育程度及交易行为的规范程度;政府的工程质量监督及行业管理成熟程度;建设咨询服务业的发展程度及其服务水准的高低;廉政管理及行风建设的状况等。

（3）管理环境因素

管理环境因素主要是指项目参建单位的质量管理体系、质量管理制度和各参建单位之间的协调等因素。比如,参建单位的质量管理体系是否健全,运行是否有效,决定了该单位的质量管理能力;在项目施工中根据承发包的合同结构,理顺管理关系,建立统一的现场施工组织系统和质量管理的综合运行机制,确保工程项目质量保证体系处于良好的状态,创造良好的质量管理环境和氛围,也是施工顺利进行、提高施工质量的保证。

（4）作业环境因素

作业环境因素主要是指项目实施现场平面和空间环境条件,各种能源介质供应,施工照明、通风、安全防护设施,施工场地给排水,以及交通运输和道路条件等因素。这些条件是否良好,都直接影响到施工能否顺利进行,以及施工质量能否得到保证。

上述因素对项目质量的影响,具有复杂多变和不确定性的特点。对这些因素进行控制,是项目质量控制的主要内容。

5.2 质量控制

5.2.1 质量控制原理

1. PDCA 循环原理

质量管理工作的运转方式是 PDCA 循环,即质量管理工作体系按计划（plan）、实施（do）、检查（check）、处理（action）四个阶段,将质量管理工作开展起来,如图 5-1 所示。

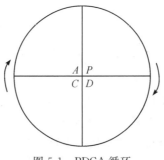

图 5-1 PDCA 循环

PDCA 循环是美国质量管理专家戴明（W. E. Deming）根据质量管理工作经验总结出来的一种科学的质量管理工作方法和工作程序，因此，PDCA 循环也称戴明环。

（1）计划 P

计划由目标和实现目标的手段组成，所以说计划是一条"目标—手段链"。质量管理的计划职能，包括确定质量目标和制定实现质量目标的行动方案两方面。实践表明，质量计划的严谨周密、经济合理和切实可行，是保证工作质量、产品质量和服务质量的前提条件。

建设工程项目的质量计划，是由项目参与各方根据其在项目实施中所承担的任务、责任范围和质量目标，分别制定质量计划而形成的质量计划体系。其中，建设单位的工程项目质量计划，包括确定和论证项目总体的质量目标，制定项目质量管理的组织、制度、工作程序、方法和要求。项目其他参与各方，则根据国家法律法规和工程合同规定的质量责任和义务，在明确各自质量目标的基础上，制定实施相应范围质量管理的行动方案，包括技术方法、业务流程、资源配置、检验试验要求、质量记录方式、不合格处理及相应管理措施等具体内容和做法的质量管理文件，同时亦须对其实现预期目标的可行性、有效性、经济合理性进行分析论证，并按照规定的程序与权限，经过审批后执行。

（2）实施 D

实施职能在于将质量的目标值，通过生产要素的投入、作业技术活动和产出过程转换为质量的实际值。为保证工程质量的产出或形成过程能够达到预期的结果，在各项质量活动实施前，要根据质量管理计划进行行动方案的部署和交底；交底的目的在于使具体的作业者和管理者明确计划的意图和要求，掌握质量标准及其实现的程序与方法。在质量活动的实施过程中，则要求严格执行计划的行动方案，规范行为，把质量管理计划的各项规定和安排落实到具体的资源配置和作业技术活动中去。

（3）检查 C

检查是指对计划实施过程进行各种检查，包括作业者的自检、互检和专职管理者专检。各类检查也都包含两大方面：一是检查是否严格执行了计划的行动方案，实际条件是否发生了变化，不执行计划的原因；二是检查计划执行的结果，即产出的质量是否达到标准的要求，对此进行确认和评价。

（4）处置 A

对于质量检查所发现的质量问题或质量不合格，及时进行原因分析，采取必要的措施，予以纠正，保持工程质量形成过程的受控状态。处置分纠偏和预防改进两个方面。前者是采取有效措施，解决当前的质量偏差、问题或事故；后者是将目前质量状况信息反馈到管理部门，反思问题症结或计划时的不周，确定改进目标和措施，为今后类似质量问题的预防提供借鉴。

PDCA 循环的特点包括：

（1）完整性：四个阶段可再细分成八个步骤，如图 5-2 所示。

（2）程序性：必须按次序进行，不能颠倒、跳跃。

（3）连续性与渐进性：每经过一个 PDCA 循环，都会使质量有所提高，即下一个 PD-CA 循环是在上一个 PDCA 循环已经提高的质量水平上进行的，如图 5-3 所示。

图 5-2　PDCA 循环四个阶段、八个步骤

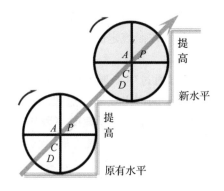

图 5-3　PDCA 循环上升

（4）系统性：项目上下各层级都可以进行 PDCA 循环，项目上下形成大环套小环、小环保大环的 PDCA 循环系统，如图 5-4 所示。

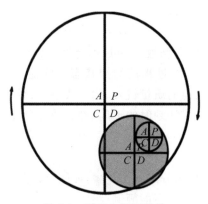

图 5-4　PDCA 循环系统

2. 三全控制原理

三全控制原理来自于全面质量管理(Total Quality Control,TQC)的思想,是强调在企业或组织的最高管理者质量方针的指引下,实行全面、全过程和全员参与的质量管理。

(1)全面质量管理:建设工程项目参与各方都参与到工程项目质量管理中,包括工程(产品)质量和工作质量的全面管理。

(2)全过程质量管理:项目策划与决策、勘察设计、施工采购、施工组织与准备、检测设备控制与计量、施工生产的检验试验、工程质量的评定、工程竣工验收与交付、工程回访维修服务等。

(3)全员参与质量管理:按照全面质量管理的思想,组织内部的每个部门和工作岗位都承担有相应的质量职能。

3. 动态控制原理

质量控制应贯彻预防为主与检验把关相结合的原则。在项目形成的每一个阶段和环节,即质量环的每一阶段,都应对影响其他工作质量的人、材、机、法、环(4M1E)因素进行控制,并对质量活动的成果进行分阶段验证,以便及时发现问题,查明原因,采取措施,防止类似问题重复发生,并使问题在早期得到解决,减少经济损失。

动态控制属于目标控制的一种类型,包含主动控制和被动控制。

(1)主动控制:预先分析目标偏离的可能性,并拟定和采取各项预防性措施,使计划目标得以实现。面向未来的控制、前馈控制和事前控制都是主动控制。

面向未来的控制,即解决传统控制过程中存在的时滞影响,尽最大可能改变偏差已成为事实的被动局面,使控制更为有效。前馈控制,即当控制者根据已掌握的可靠信息预测出系统的输出将要偏离计划目标时,制定纠正措施并向系统输入,以使系统运行不发生偏离。事前控制,即在偏差发生之前就采取控制措施。

(2)被动控制:当系统按计划运行时,对计划的实施进行跟踪,对系统输出的信息进行加工和整理,再传递给控制部门,从中发现问题,找出偏差,寻求并确定解决问题和纠正偏差的方案,回送给计划实施系统付诸实施,使得计划目标一旦出现偏离就能得以纠正。被动控制是一种反馈控制,如图 5-5 所示。

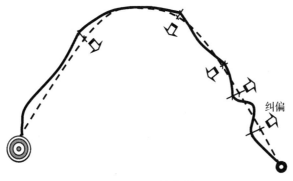

图 5-5　反馈控制

5.2.2 质量控制体系

建设工程项目的实施,涉及业主方、设计方、施工方、监理方、供应方等多方质量责任主体的活动,各方主体各自承担不同的质量责任和义务。为了有效地进行系统、全面的质量控制,必须由项目实施的总负责单位,负责建设工程项目质量控制体系的建立和运行,实施质量目标的控制。

建筑工程项目质量控制系统,在实践中可能有多种名称,没有统一规定。常见的名称有"质量管理体系""质量控制体系""质量管理系统""质量控制网络""质量管理网络""质量保证系统"等。

1.项目质量控制体系的性质和构成

(1)项目质量控制体系的性质

建设工程项目质量控制体系既不是业主方也不是施工方的质量管理体系或质量保证体系,而是整个建设工程项目目标控制的一个工作系统,其性质如下:

①项目质量控制体系是以项目为对象,由项目实施的总组织者负责建立的面向项目对象开展质量控制的工作体系。

②项目质量控制体系是项目管理组织的一个目标控制体系,它与项目投资控制、进度控制、职业健康安全与环境管理等目标控制体系,共同依托于同一项目管理的组机构。

③项目质量控制体系根据项目管理的实际需要而建立,随着项目的完成和项目管理组织的解体而消失,因此是一个一次性的质量控制工作体系,不同于企业的质量管理体系。

(2)项目质量控制体系的结构

建设工程项目质量控制体系,一般形成多层次、多单元的结构形态,这是由其实施任务的委托方式和合同结构所决定的。

①多层次结构。多层次结构是对应于项目工程系统纵向垂直分解的单项、单位工程项目的质量控制体系。在大中型工程项目尤其是群体工程项目中,第一层次的质量控制体系应由建设单位的工程项目管理机构负责建立;在委托代建、委托项目管理或实行交钥匙式工程总承包的情况下,应由相应的代建方项目管理机构、受托项目管理机构或工程总承包企业项目管理机构负责建立。第二层次的质量控制体系,通常是指分别由项目的设计总负责单位、施工总承包单位等建立的相应管理范围内的质量控制体系。第三层次及其以下,是承担工程设计、施工安装、材料设备供应等各承包单位的现场质量自控体系,或称各自的施工质量保证体系。系统纵向层次机构的合理性是项目质量目标、控制责任和措施分解落实的重要保证。

②多单元结构。多单元结构是指在项目质量控制总体系下,第二层次的质量控制体系及其以下的质量自控或保证体系可能有多个。这是项目质量目标、责任和措施分解的必然结果。

2.项目质量控制体系的建立程序和运行

(1)建立的程序

项目质量控制体系的建立过程,一般可按以下环节依次展开工作:

①确立系统质量控制网络。首先明确系统各层面的工程质量控制负责人。一般应

包括承担项目实施任务的项目经理(或工程负责人)、总工程师,项目监理机构的总监理工程师、专业监理工程师等,以形成明确的项目质量控制责任者的关系网络架构。

②制定质量控制制度。包括质量控制例会制度、协调制度、报告审批制度、质量验收制度和质量信息管理制度等,形成建设工程项目质量控制体系的管理文件或手册,作为承担建设工程项目实施任务各方主体共同遵循的管理依据。

③分析质量控制界面。项目质量控制体系的质量责任界面,包括静态界面和动态界面。一般说静态界面根据法律法规、合同条件、组织内部职能分工来确定。动态界面主要是指项目实施过程中设计单位之间、施工单位之间、设计与施工单位之间的衔接配合关系及其责任划分,必须通过分析研究,确定管理原则与协调方式。

④编制质量控制计划。项目管理总组织者,负责主持编制建设工程项目总质量计划,并根据质量控制体系的要求,部署各质量责任主体编制与其承担任务范围相符合的质量计划,并按规定程序完成质量计划的审批,作为其实施自身工程质量控制的依据。

(2)项目质量控制体系的运行

项目质量控制体系的建立,为项目的质量控制提供了组织制度方面的保证。项目质量控制体系的运行,实质上就是系统功能的发挥过程,也是质量活动职能和效果的控制过程。质量控制体系要有效地运行,还有赖于系统内部的运行环境和运行机制的完善。

项目质量控制体系的运行环境,主要是指以下几方面为系统运行提供支持的管理关系、组织制度和资源配置的条件。

项目质量控制体系的运行机制,是由一系列质量管理制度安排所形成的内在动力。运行机制是质量控制体系的生命,机制缺陷是造成系统运行无序、失效和失控的重要原因。因此,在系统内部的管理制度设计时,必须予以高度的重视,防止重要管理制度的缺失、制度本身的缺陷、制度之间的矛盾等现象出现,才能为系统的运行注入动力机制、约束机制、反馈机制和持续改进机制。

5.2.3　质量控制的纠偏措施

1.组织措施

(1)建立合理的组织结构模式,设置质量管理和质量控制部门,构建完善的质量保证体系,形成质量控制的网络系统结构。

(2)明确与质量控制相关部门和人员的任务分工和管理职能分工。

(3)选择符合质量控制工作岗位的管理人员和技术人员。

(4)制订质量控制工作流程和工作制度,审查工作流程和工作制度是否得到有效并严格的执行。

2.管理(合同)措施

管理措施主要有:对质量管理目标进行贯标执行,建立质量保证体系;多单位控制,尤其要强调操作者自控;采用相关管理技术方法分析质量问题,包括分层法、因果分析法、排列图法、直方图法等;选择有利于质量控制的合同结构模式,减少分包数量;加强项目文化建设;利用信息技术辅助质量控制和纠偏等。

3.经济措施

(1)建立奖惩机制,对出现质量问题的单位和个人进行经济处罚,对达到质量计划目标的单位或个人给予一定的经济激励措施。

(2)进行质量保险,通过保险进行质量风险转移等。

4.技术措施

(1)整修与返工:整修针对局部的、轻微的并且不会给整体工程质量带来严重影响的质量缺陷。返工的决定应建立在认真调查研究的基础上,视缺陷经过补救后能否达到规范标准而定。

(2)综合处理方法:主要针对较大的质量事故,是一种综合的缺陷(事故)补救措施,使工程缺陷(事故)以最小的经济代价和工期损失重新满足规范要求。具体有组织联合调查组、召开专家论证会等。

5.3 质量验收

5.3.1 质量验收的内容

建设工程项目的质量验收,主要是指工程施工质量的验收。施工质量验收应按照《建筑工程施工质量验收统一标准》(GB 50300—2013)进行。该标准是建筑工程各专业工程施工质量验收规范编制的统一准则,各专业工程施工质量验收规范应与该标准配合使用。

根据上述施工质量验收统一标准,所谓"验收",是指建筑工程在施工单位自行质量检查评定的基础上,参与建设活动的有关单位共同对检验批、分项、分部、单位工程的质量进行抽样复验,根据相关标准以书面形式对工程质量达到合格与否作出确认。

正确地进行工程项目质量的检查评定和验收,是施工质量控制的重要环节。施工质量验收包括施工过程的质量验收及工程项目竣工质量验收两个部分。

1.施工过程的质量验收

工程项目质量验收,应将项目划分为单位工程、分部工程、分项工程和检验批进行验收。施工过程质量验收主要是指检验批和分项、分部工程的质量验收。

检验批和分项工程是质量验收的基本单元;分部工程是在所含全部分项工程验收的基础上进行验收的,在施工过程中随完工随验收,并留下完整的质量验收记录和资料;单位工程作为具有独立使用功能的完整的建筑产品,进行竣工质量验收。

2.竣工质量验收

项目竣工质量验收是施工质量控制的最后一个环节,是对施工过程质量控制成果的全面检验,是从终端把关方面进行质量控制。未经验收或验收不合格的工程,不得交付使用。

建设工程项目竣工验收，可分为验收准备、竣工预验收和正式验收三个环节进行。整个验收过程涉及建设单位、设计单位、监理单位及施工总分包各方的工作，必须按照工程项目质量控制系统的职能分工，以监理工程师为核心进行竣工验收的组织协调。

5.3.2 质量不合格处理

1.工程质量问题和质量事故的分类

根据我国标准《质量管理体系 基础和术语》的规定，凡工程产品没有满足某个规定的要求，就称为质量不合格；而未满足某个与预期或规定用途有关的要求，称为质量缺陷。凡是工程质量不合格，影响使用功能或工程结构安全，造成永久质量缺陷或存在重大质量隐患，甚至直接导致工程倒塌或人身伤亡，必须进行返修、加固或报废处理，按照由此造成人员伤亡和直接经济损失的大小区分，小于规定限额的为质量问题，在限额以上的为质量事故。

工程质量事故是指由于建设、勘察、设计、施工、监理等单位违反工程质量有关法律法规和工程建设标准，使工程产生结构安全、重要使用功能等方面的质量缺陷，造成人身伤亡或者重大经济损失的事故。工程质量事故具有成因复杂、后果严重、种类繁多、往往与安全事故共生的特点，建设工程质量事故的分类有多种方法，不同专业工程类别对工程质量事故的等级划分也不尽相同。

(1)按事故造成损失的程度分级

①特别重大事故，是指造成30人以上死亡，或者100人以上重伤，或者1亿元以上直接经济损失的事故；

②重大事故，是指造成10人以上30人以下死亡，或者50人以上100人以下重伤，或者5000万元以上1亿元以下直接经济损失的事故；

③较大事故，是指造成3人以上10人以下死亡，或者10人以上50人以下重伤，或者1000万元以上5000万元以下直接经济损失的事故；

④一般事故，是指造成3人以下死亡，或者10人以下重伤，或者100万元以上1000万元以下直接经济损失的事故。

该等级划分所称的"以上"包括本数，所称的"以下"不包括本数。

(2)按事故责任分类

①指导责任事故：由于工程实施指导或领导失误而造成的质量事故。例如，由于工程负责人片面追求施工进度，放松或不按质量标准进行控制和检验，降低施工质量标准等。

②操作责任事故：在施工过程中，由于实施操作者不按规程和标准实施操作而造成的质量事故。例如，浇筑混凝土时随意加水，或振捣疏漏造成混凝土质量事故等。

③自然灾害事故：由于突发的严重自然灾害等不可抗力造成的质量事故。例如，地震、台风、暴雨、雷电、洪水等对工程造成破坏甚至倒塌。这类事故虽然不是人为责任直接造成，但灾害事故造成的损失程度也往往与人们是否在事前采取了有效的预防措施有关，相关责任人员也可能负有一定责任。

2.工程质量问题和质量事故的处理

质量事故处理的依据主要有:质量事故的实况资料、有关合同及合同文件、有关的技术文件和档案、相关的建设法规等。

质量事故处理的基本要求为:

(1)质量事故的处理应达到安全可靠、不留隐患、满足生产和使用要求、施工方便、经济合理的目的;

(2)消除造成事故的原因,注意综合治理,防止事故再次发生;

(3)正确确定技术处理的范围和正确选择处理的时间与方法;

(4)切实做好事故处理的检查验收工作,认真落实防范措施;

(5)确保事故处理期间的安全。

质量缺陷处理的基本方法为:

(1)返修处理。当项目的某些部分的质量虽未达到规范、标准或设计规定的要求,存在一定的缺陷,但经过采取整修等措施后可以达到要求的质量标准,又不影响使用功能或外观要求时,可采取返修处理的方法。

(2)加固处理。主要是针对危及结构承载力的质量缺陷的处理。通过加固处理,使建筑结构恢复或提高承载力,重新满足结构安全性与可靠性的要求,使结构能继续使用或改作其他用途。

(3)返工处理。当工程质量缺陷经过返修、加固处理后仍不能满足规定的质量标准要求,或不具备补救可能性,则必须采取重新制作、重新施工的返工处理措施。

(4)限制使用。当工程质量缺陷按修补方法处理后无法保证达到规定的使用要求和安全要求,而又无法返工处理的情况下,不得已时可作出诸如结构卸荷或减荷以及限制使用的决定。某些工程质量问题虽然达不到规定的要求或标准,但其情况不严重,对结构安全或使用影响不大。

(5)不作处理。用功能影响很小,经过分析、论证、法定检测单位鉴定和设计单位等认可后可不作专门处理。

(6)报废处理。出现质量事故的项目,通过分析或实践,采取上述处理方法后仍不能满足规定的质量要求或标准,则必须予以报废处理。

5.3.3 质量改进

1.质量改进的内涵与意义

质量改进是质量管理的一部分,就是为改善产品的特征和特性,以及为提高组织活动和过程的效益和效率所采取的措施。质量改进不仅包含对产品和服务的改进与完善,还包括对生产过程与作用方法的改进与完善,以及对组织管理活动的改进和完善。工程项目建设同时具有产品和服务的性质,即最终的工程成果属于产品,而工程建设过程中的设计、施工管理等则属于服务范畴,工程项目的产品质量往往是由其服务的质量决定的。此外,工程项目实施中每一个过程、工序既相互联系又相互影响。工程项目的质量是在整个项目的推进中逐渐形成的,因此工程项目的质量改进是在项目实施中对服务过程的改进。

工程质量受诸多因素影响,会出现许多质量缺陷。质量缺陷可以分为偶发性质量缺陷和经常性质量缺陷。偶发性质量缺陷是由系统因素引起的工序波动所造成的缺陷,例如原材料用错、设备突然失灵、工具损坏、违反操作规程等。这类缺陷比较明显,易于发现,原因直接,可以采取预防措施来改进。经常性质量缺陷是由偶然因素引起的工序波动所造成的缺陷,例如原材料成分的微小变化、刀具磨损、夹具松动、操作者精力变化等。这类缺陷不如偶发性质量缺陷那样突出和激烈,不易察觉与鉴别,人们往往不予重视和改进。

在质量管理中,质量控制和质量改进活动并不是相互独立的,而是紧密相连、交替出现的。首先应通过质量控制活动将质量维持在当前质量区间内,然后通过质量改进活动将产品质量提升到更高的产品区间,最后再次通过质量控制活动将质量维持在新的水平。

质量改进活动对提高工程质量、降低成本、增强企业在市场上的竞争能力以及增加经济效益都有十分重要的意义。通过质量改进,能减少产品质量缺陷,增强产品满足客户需求的能力,提高效率,降低运营成本,适应技术的快速变化。

2.质量改进的流程

质量改进以过程为主原则,强度持续改进,并要求全员参与。其改进流程可按图 5-6 进行。

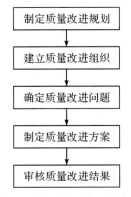

图 5-6　质量改进的基本流程

5.4　质量统计方法

在进行质量控制时,坚持一切以数据说话。数据是进行质量管理的基础,通过数理统计法收集、整理质量数据,可以帮助我们分析、发现质量问题,以便及时采取措施进行处理。数计方法有:分层法、因果分析图法、排列图法、直方图法、控制图法、相关图法、调查分析表。下面简单介绍工程施工中常用的几种方法。

5.4.1 排列图法

排列图又叫巴氏图法或巴雷特图法，也叫主次因素分析图法。排列图法是利用排列图寻找影响质量主次因素的方法，如图5-7所示。

排列图的组成如下：

（1）两个纵坐标：左纵坐标表示产品频数（不合格的产品件数或造成的金额损失数）；右纵坐标表示累计频率（不合格品的件数或损失金额的累计百分率）。

（2）横坐标：：影响产品质量的各因素或项目。按影响产品质量程度的大小，由大到小从左到右排列，底宽相同。每个长方形的高度表示该因素的影响大小。

（3）帕累托曲线：表示各影响因素的累计百分数。根据帕累托曲线，将影响因素分为以下三个等级。

①累计频率0～80％，是影响产品质量的主要因素。

②累计频率80％～90％，是影响产品质量的次要因素。

③累计频率90％～100％，是影响产品质量的一般因素。

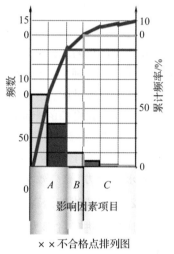

图5-7 排列图

5.4.2 因果分析图法

因果分析图法是利用因果分析图来系统整理分析某个质量问题（结果）与其产生原因之间关系的有效工具。因果分析图也称为特性要因图，又称为树枝图或鱼刺图，如图5-8所示。

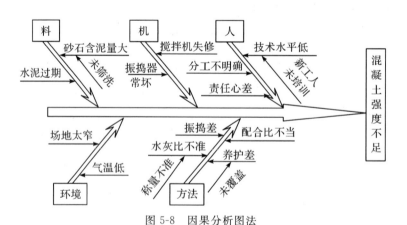

图5-8 因果分析图法

在工程实践中，质量问题的产生是多种原因造成的，这些原因有大有小，有主次。通过因果分析图，从影响产品质量的主要因素出发，分析原因，逐步深入，直到找出具体根源。

因果分析图法最终的目的是查出并确定影响产品质量的主要原因，以便制定对策，解决工程质量问题，从而达到控制质量的目的。

5.4.3　直方图法

直方图法即频数分布直方图法，它是将收集到的质量数据进行分组整理，绘制成频数分布直方图，用以描述质量分布状态的一种分析方法，所以又称质量分布图法。通过直方图的观察与分析，可了解产品质量的波动情况，掌握质量特性的分布规律，以便对质量状况进行分析判断。

1. 直方图法的主要用途

(1) 整理统计数据，了解统计数据的分布特征，即数据分布的集中或离散状况，从中掌握质量能力状态。

(2) 观察、分析生产过程中质量是否处于正常、稳定和受控状态以及质量水平是否保持在公差允许的范围内。

2. 直方图的观察与分析

正常直方图呈正态分布，其形状特征是中间高、两边低、对称。正常直方图反映生产过程中质量处于正常、稳定的状态。数理统计研究证明，当随机抽样方案合理且样本数量足够大时，在生产能力处于正常、稳定状态时，质量特性检测数据趋于正态分布。

出现非正常型直方图，表明生产过程或收集数据作图有问题。要求进一步分析判断，找出原因，从而采取措施加以纠正。凡属非正常型直方图，其图形分布有各种不同缺陷，如图 5-9 所示。其中，折齿型是由于分组不当或者组距确定不当出现的直方图；左（或右）缓坡型主要是由于操作中对上限（或下限）控制太严造成的；孤岛型是原材料发生变化，或者临时由他人顶班作业造成的；双峰型可能是将用两种不同方法或两台设备，或两组工人进行生产的产品质量数据混在一起整理产生的；左（右）绝壁型是由于数据收集不正常，可能有意识地去掉下限以下（或上限以上）的数据，或是在检测过程中存在某种人为因素所造成的。

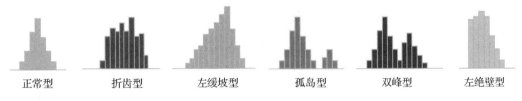

| 正常型 | 折齿型 | 左缓坡型 | 孤岛型 | 双峰型 | 左绝壁型 |

图 5-9　直方图

5.5 案　例

5.5.1　项目概况

曼哈顿大厦项目,位于宁波市鄞州区南部商务区西北侧,宁南路以东,日丽路以南,规划路以西。总建筑面积约25.2万平方米,建筑最高点高度253.80米,塔楼地上56层,裙房地上9层,地下4层,项目效果图如图5-10所示。浙江精工钢结构集团有限公司承建曼哈顿大厦项目塔楼钢结构工程,塔楼结构高度为242.15米,塔楼结构体系采用钢管混凝土框架加混凝土核心筒体系,项目塔楼结构如图5-11所示。

图 5-10　曼哈顿大厦项目效果图　　　　图 5-11　项目塔楼结构图

5.5.2　钢结构施工重难点

该工程结构复杂多样,为钢管混凝土柱钢框架加混凝土核心筒体系,且钢柱大部分均为变截面的斜柱,设置柱间垂直钢支撑、伸臂桁架、腰桁架,屋顶造型为南北对称的桁架;工程体量大、吊次多,其中标准层单层钢柱35段,钢梁508根,核心筒劲性柱16段,桁架层单层钢柱20段,钢梁150根,桁架散件达130段;工程施工条件受限,场地较为狭小,塔冠施工阶段受航空限高影响。

以上工程特点影响下,该工程钢结构施工重难点如下:

1.施工配合

钢结构与土建、机电、幕墙等多专业配合紧密。工程结构类型复杂,参建单位多,项目的顺利实施依托于各专业、各工序之间的紧密配合;钢结构与幕墙、机电等多专业之间容易干涉。

2.施工重点

(1)超高层结构内外变形协调处理

(2)倾斜钢柱施工精度要求高

(3)航空限高下塔冠钢结构施工方案的选择

(4)超厚板现场焊接质量控制要求高

(5)超高层施工安全防护要求高

3.场地条件

现场组织管理难度大:构件就近堆放场地有限。

4.工期保障

大体量钢结构施工工期保障。

5.5.3　钢结构施工质量控制

根据局、公司相关制度要求建立健全质量管理体系,狠抓实体质量,对钢结构施工进行全过程质量管控。项目实施过程中将严格执行技术交底制度、技术复核制度、质量会诊制度、样板引路制度、工序挂牌施工制度、过程三检制度、工序交接制度、隐蔽工程验收制度、质量否决制度、成品保护制度、工程质量评定制度、培训上岗制度、质量奖罚制度等十三项质量相关制度,保证工程质量,质量控制架构如图 5-12 所示。

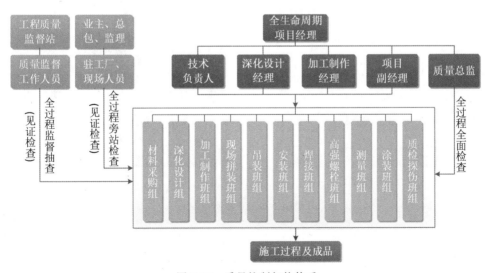

图 5-12　质量控制架构体系

(1)加工制作质量控制,包括:原材料进场检验、数控火焰切割下料、切割后尺寸复测、构件组装、构件焊接、焊缝检测等环节,如图 5-13 所示。

(a) 原材料进场检验

(b) 数控火焰切割下料

(c) 切割后尺寸复测

(d) 构件组装

(e) 构件焊接

(f) 焊缝检测

图 5-13　加工制作质量控制

（2）构件运输质量控制,该工程钢结构主要有 H 钢梁、圆管柱、箱型柱等构件,采用公路运输,构件间必须放置一定的垫木、橡胶垫等缓冲物,防止构件运输变形,防止运输过程中油漆涂层接触摩擦损坏;在整个运输过程中为避免涂层损坏,在构件绑扎或固定处用软性材料衬垫保护;连接板的打包形式按尺寸大小分为装箱打包和钢带捆扎打包两种

方式集中运输,避免因运输颠簸散乱,现场卸货找料方便。构件运输质量控制如图 5-14
所示。

(a) 公路运输

(b) 设置缓冲物

(c) 软性材料衬垫保护

(d) 连接板打包

图 5-14　构件运输质量控制

(3)进场验收质量控制,对构件数量及涂装、焊缝、构件的外形及尺寸等进行进场验
收。构件的外形及尺寸验收如图 5-15 所示。

(a) 构件尺寸

(b) 螺栓孔数量、间距

图 5-15　构件的外形及尺寸验收

(4)现场安装质量控制,主要包括:埋件安装、柱脚处校正、钢柱吊装、对接处校正、焊
缝探伤、钢梁吊装、高强度螺栓施工、油漆涂装、楼板铺设等现场安装环节的质量,如
图5-16 所示。

(a) 埋件安装

(b) 对接处校正

(c) 焊缝探伤

(d) 钢梁吊装

(e) 油漆涂装

(f) 楼板铺设

图 5-16　现场安装质量控制

(5)现场焊接质量控制,包括:持证上岗、岗前教育、进场考试、外观检查、内部缺陷检查、焊前交底、焊材验收、焊材发放和领用、待焊位置母材准备(清理)、焊接接头装配和检查、设置引熄弧板、衬垫板、焊接防风措施、对称施焊、焊后保温(低温焊接)等内容,如图 5-17 所示。

(a) 岗前教育

(b) 外观检查

(c) 内部缺陷检查

(d) 焊前交底

(e) 焊接接头装配和检查

(f) 焊接防风措施

(g) 对称施焊

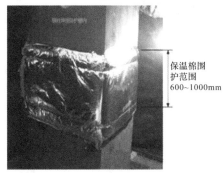

保温棉围
护范围
600~1000mm

(h) 焊后保温

图 5-17　现场焊接质量控制

（6）过程严控，严查每一道工序，保证钢结构拼装过程一次成型。

①钢构件进场验收：依照包装清单，清点构件数量；检查构件是否有明显的弯曲变形，涂层是否有片状脱落，及时将检查结构向制作单位反馈（特别对于一些共性缺陷）；开包之后，对构件逐根进行测量，检查对接接头坡口是否已加工以及钢构件尺寸、厚度检查、防锈涂膜厚度检测，如图 5-18 所示。

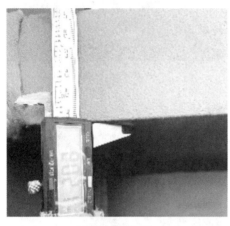

(a) 钢材板厚检查　　　　　　　　　　　　　(b) 涂膜厚度检查

图 5-18　钢构件进场验收

②钢结构施工偏差的控制：构件拼装精度控制采用全站仪逐点位进行复核，安装误差控制严格按照《钢结构工程施工量验收规范》相关条例施行。

③钢结构焊缝外观和质量检查控制（见图 5-19）：焊缝外观缺陷的检查包括未焊满，根部收缩，咬边，裂纹，电弧擦伤，接头不良，表面气孔，表面夹渣等。目测裂纹的检查应辅以 5 倍放大镜并在合适的光照条件下进行，必要时可采用磁粉探伤，包括焊脚高度，焊缝加强高（余高）。检测采用量规、卡规进行。

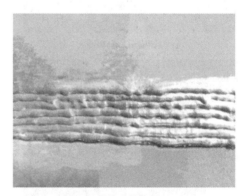

(a) 焊缝外观检查　　　　　　　　　　　　　(b) 焊缝质量检查

图 5-19　钢结构焊缝外观和质量检查

④钢结构焊缝探伤自检：总包专业钢结构单位落实每条焊缝质量到人、责任到人，焊缝100％自检，探伤检测出不合格焊缝由责任焊工自行返工整改；并加大对该名焊工的质量教育，出现多次不合格将开除该名焊工，不留隐患，如图5-20所示。

(a) (b)

图 5-20　钢结构焊缝探伤自检

⑤业主第三方钢结构焊缝探伤检测（见图5-21）：项目业主单位非常重视钢结构焊缝质量，另外签订第三方检测合同单位对项目钢结构加工厂及现场施焊的焊缝进行100％检测并出具检测报告方可进行下一步工序施工。目前项目焊缝检测合格率100％。

(a) (b)

图 5-21　业主第三方焊缝探伤检测

⑥钢结构涂装质量控制：采用漆膜测厚仪进行测量，按被涂物体的大小确定厚度测量点的密度和分布，然后测定漆膜厚度，保证干漆膜的厚度，涂装外观，目测检查涂装表

面应无明显色差、无流挂、起皱、针孔、气孔、脱落、漏涂等，涂装后的构件在运输时，要注意防止磕碰、防止在地面拖拉、防止涂层损坏，涂装后的构件勿接触酸类液体，防止咬伤涂层，如图5-22所示。

图5-22　钢构件进场涂膜检查

⑦钢结构联合验收：所有工序完成验收后，由工程部、质量管理部、技术部、安监部联合组织验收，确保构件拼装一次成型，顺利提升、安装，如图5-23所示。

(a) 连廊提升检查、验收　　　　　　　　(b) 预应力张拉检查验收、全程旁站

图5-23　钢结构联合验收

项目团队贯彻"精细化管理、高品质履约"，加强质量标准化、新技术应用及智慧工地管理的推广，做好工程质量过程策划，坚定创高优质量管理目标，不断提升工程质量，打造精品工程，弘扬工匠精神、推动质量提升。

资料来源：华南公司（公众号：品质二局）

本章小结

1.内容

(1)主要内容:质量和质量管理的概念;质量控制;质量验收;质量统计分析方法。

(2)重点:质量控制;质量验收。

(3)难点:质量统计分析方法。

2.要求

熟悉质量管理的内容;基本掌握工程项目质量不合格的处理,了解常用的质量统计分析方法,会用排列图法找出影响质量问题的主要因素。

思考练习

根据某工地现浇混凝土结构尺寸质量检查结果进行分析并找出其质量的薄弱环节。(每项实测点数 150 个)

不合格点统计表

序号	检查项目	不合格点数
1	轴线位置	1
2	垂直度	8
3	标高	4
4	截面尺寸	45
5	电梯井	15
6	表面平整度	75
7	预埋设施中心位置	1
8	预留孔洞中心位置	1

习题解答

第五章　习题答案

第6章　建设工程项目 HSE 管理

◁ 知识目标

了解建设工程项目职业健康安全与环境管理制度和安全管理体系标准；熟悉 HSE 管理的基本概念；掌握 HSE 管理的内容与方法。

◁ 能力目标

具备运用 HSE 管理理念进行相关内容技术措施的选择和事故处理能力。

◁ 思政目标

在讲解 HSE 管理过程中适时引入"以人为本""绿水青山就是金山银山""人与自然和谐相处""百年大计、安全第一"等思政元素。

◁ 思维导图

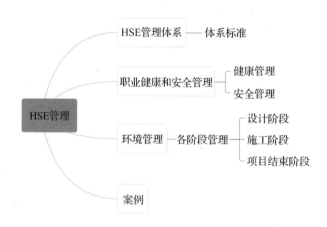

6.1　HSE 管理体系

建设工程项目的 HSE 管理是指对工程项目的健康（healthy）、安全（safety）和环境（environment）的专业管理（以下简称为 HSE）。传统上，企业是把这三种专业管理分为安全、现场文明施工、职业卫生、工地生活卫生和现场总平面管理几个方面进行管理的。

随着人类社会的进步和科技的发展，HSE 管理已成为现代企业管理重要的组成部分，职业健康安全与环境的问题越来越受到关注。为了保证劳动者在劳动生产过程中的健康安全和保护人类的生存环境，必须加强职业健康安全与环境管理。

6.1.1　HSE 管理体系标准与环境管理体系标准

1.职业健康安全管理体系标准

职业健康安全管理体系是企业总体管理体系的一部分。作为我国推荐性标准的职业健康安全管理体系标准，目前被企业普遍采用，用以建立职业健康安全管理体系。该标准覆盖了国际上的 OHSAS18000 体系标准，即：《职业健康安全管理体系——要求及使用指南》（GB/T 45001－2020）[代替了《职业健康安全管理体系要求》（GB/T 28001－2011）；《职业健康安全管理体系实施指南》（GB/T 28002－2011）]。

根据《职业健康安全管理体系规范》（GB/T 28001－2019）的定义，职业健康安全是指影响或可能影响工作场所内的员工或其他工作人员（包括临时工和承包方员工）、访问者或任何其他人员的健康安全的条件和因素。根据《职业健康安全管理体系——要求及使用指南》（GB/T 45001－2020）规定，建立职业健康安全管理系统的目的是防止对工作人员造成与工作相关的伤害和健康损害，并提供健康安全的场所。

2.环境管理体系标准

20 世纪 80 年代，联合国组建了世界环境与发展委员会，提出了"可持续发展"的观点。我国采用国际标准化制定的 ISO14000 体系标准，包括：《环境管理体系　要求及使用指南》（GB/T 24001－2016）；《环境管理体系　通用实施指南》（GB/T 24004－2017）。

在《环境管理体系　要求及使用指南》（GB/T24001－2016）中，环境是指"组织运行活动的外部存在，包括空气、水、土地、自然资源、植物、动物、人，以及它（他）们之间的相互关系"。这个定义是以组织运行活动为主体，其外部存在主要是指人类认识到的、直接或间接影响人类生存的各种自然因素及其相互关系。

3.HSE 管理体系的要素与特点

HSE 管理体系主要有以下要素构成：领导承诺、方针目标和责任，组织机构、职责、资源和文件控制，风险评价与隐患治理，承包商和供应商，项目 HSE 策划和施工作业管理，运行与维修，变更管理与应急管理，事故处理和预防，审核、评审和持续改进。这十项要素之间紧密相关,相互渗透,形成了统一性、系统性和规范性。

HSE管理体系是按照PDCA原则持续运行、不断改进的。PDCA原则是按照策划P(plan)、实施与运行D(do)、检查C(check)和处理改进A(action)四个流程进行管理并不断循环的科学管理程序。

HSE管理体系以计划为先,讲究系统性,并要求全员参与。不论是职业健康安全管理还是环境管理,都是组织管理体系的一部分,其管理的主体是组织,管理的对象是一个组织的活动、产品或服务中能与职业健康安全发生相互作用的不健康、不安全的条件和因素,以及能与环境发生相互作用的要素。

4.HSE管理体系的实施与运行

通过重点抓好教育培训、逐级交底、有效沟通、运行控制、突发应对等方式对HSE管理体系全面而有效地执行。

(1)教育培训。培养和增强各层次人员的HSE意识和能力,建立分级的HSE教育制度——实施公司、项目经理部和作业队三级HSE教育,明确培训要求和应达到的效果,规范培训程序,未经教育的人员不得上岗作业。对HSE管理可能产生重大影响的工作,特别是需要特殊培训的工作岗位和人员要专门进行教育、培训,以保证他们能胜任所承担的工作。同时,做好对危险源及其风险规避的宣传与警示工作。

(2)逐级交底。逐级开展HSE管理实施计划的交底工作,保证项目经理部和承包商或分包商等人员能正确理解HSE管理实施计划的内容和要求。在相关的工程或工作开始前,项目经理部的技术负责人必须向有关人员进行HSE管理和技术交底,并保存交底记录。

(3)有效沟通。确保项目的相关方在HSE管理方面能相互沟通信息,并鼓励所有项目相关方的人员参与HSE管理事务,对HSE管理方针和目标予以支持。

(4)运行控制。在管理过程中做到预防为主、防治结合。根据HSE的方针、目标、法规和其他要求开展工作,使与危险源有关的运行活动均处于受控状态。项目部应制定并执行项目HSE管理日常巡视检查和定期检查的制度,记录和保存检查的结果,及时对安全事故和不符合相关要求的情况进行处理。

(5)突发应对。在工程实施过程中应经常评价潜在的事故紧急情况,识别应急响应需求,准备启动应急准备和响应计划,以预防和减少可能引发的危险和突发事件造成的伤害。当现场发生事故时,项目部应按照规定程序积极组织救护,遏制事故不继续扩大。

6.1.2 HSE管理体系的流程、结构和模式

1.HSE管理工程流程

在现代工程中,因工程特点不同,HSE管理虽然有着各自丰富的具体内容及相应管理对象,但总体而言,HSE管理不论是管理过程还是管理方法,都具有高度相关性。现代化的工程管理中,HSE管理体系已经被系统化、结构化和程序化,并遵循PDCA管理方法,其工作流程可以归纳如图6-1所示。

图6-1 HSE管理工作流程

2.职业健康安全管理体系的结构和模式

(1)职业健康安全管理体系的结构

《职业健康安全管理体系 要求及使用指南》(GB/T 45001-2020)由"范围""规范性引用文件""术语和定义"和"改进"等十部分组成,如图 6-2 所示。

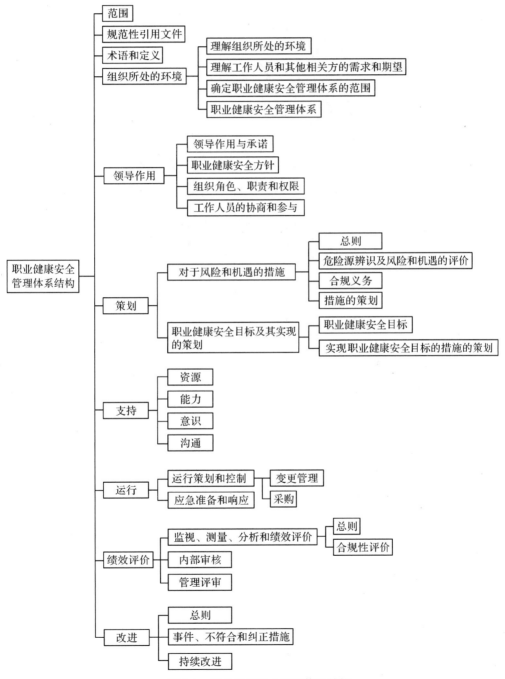

图 6-2　职业健康安全管理体系结构

（2）职业健康安全管理体系的运行模式

《职业健康安全管理体系——要求及使用指南》（GB/T 45001－2020）在确定职业健康安全管理体系模式时，强调按系统理论管理职业健康安全及其相关事务，以达到预防和减少生产事故和劳动疾病的目的。具体实施中采用了戴明模型，即一种动态循环并螺旋上升的系统化管理模式，如图6-3所示。

图6-3　职业健康安全管理体系运行模式

3. 环境管理体系的结构和模式

（1）环境管理体系的结构

《环境管理体系　要求及使用指南》（GB/T 24001－2016）由"范围""规范性引用文件""术语和定义""改进"等十部分组成，如图6-4所示。

（2）环境管理体系的运行模式

环境管理体系运行模式如图6-5所示，该模式为环境管理体系提供了一套系统化的方法，指导其组织合理有效地推行环境管理工作。该模式是由"策划、实施、检查、评审和改进"构成的动态循环过程，与戴明的PDCA循环模式是一致的。

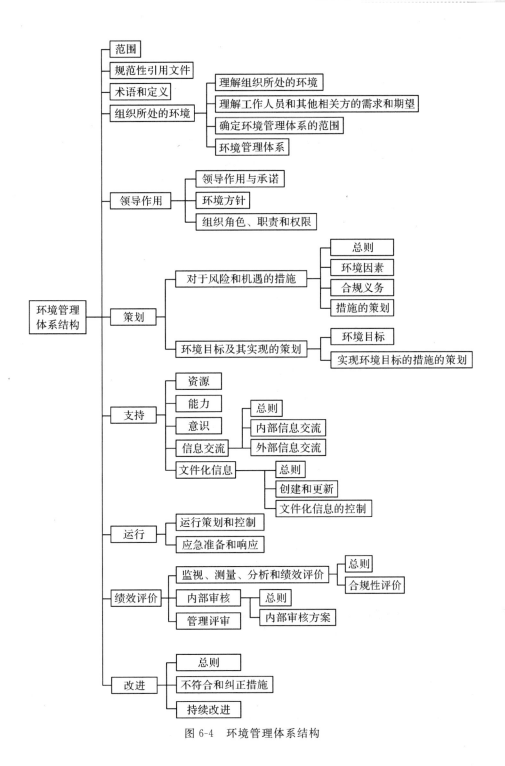

图 6-4　环境管理体系结构

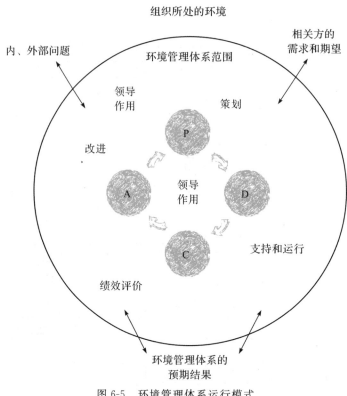

图 6-5　环境管理体系运行模式

6.2　职业健康和安全管理

6.2.1　与职业健康和安全管理相关的概念

1.职业健康安全事故

职业健康安全事故即职业伤害事故与职业病。职业伤害事故是指因生产过程及工作原因或与其相关的其他原因造成的伤亡事故。职业病是指经诊断因从事接触有毒有害物质或不良环境的工作而造成的急慢性疾病。

2.职业健康管理

职业健康管理是指为了有效控制工作场所内的员工、临时工作人员因受劳动条件及职业活动中存在的各种有害的化学、物理、生物因素,和在职业工作中产生的其他职业有害因素的影响而引发的职业健康问题,设立职业健康卫生管理机构,对职业健康工作实施管理。职业健康管理工作包括以下内容。

（1）配备和完善与职业健康有关的防护设施和用品；

（2）使劳动者的生理、心理健康得到保护；

（3）建立健全重要岗位的健康卫生管理制度和操作规程，制订职业病防治措施计划，定期对职业健康危害因素进行评价；

（4）定期组织特种岗位作业人员、女职工及炊事人员进行体检等。

3. 安全生产和安全管理

安全生产是指使生产过程处于避免人身伤害、设备损坏及其他不可接受的损害风险（危险）的状态。不可接受的损害风险（危险）是指超出法律、法规和规章制度的要求，超出 HSE 方针、目标和管理计划的要求，超出人们普遍能够接受或隐含的要求的风险（危险）。

安全管理是指企业按照国家有关安全生产法规和本企业的安全生产规章制度，以直接消除生产过程中出现的人的不安全行为和物的不安全状态为目的的一种最基层的、具有终结性的安全管理活动。

6.2.2　健康和安全管理对象

1. 工程项目健康和安全危险源辨识应从根源和状态考虑

（1）物的不安全状态，如材料、设备、机械等。

（2）人的不安全行为（主要指违章操作行为）。

（3）管理技术缺陷。包括设计方案、结构上的缺陷，作业环境的安全防护措施设置不合理，防护装置缺乏等。

2. 对于危险源要区分项目活动的"三种状态"

（1）正常状态。如正常的施工活动。

（2）异常状态。如加班加点、抢修活动等。

（3）紧急状态。如发生突发事件。

3. 健康和安全危险源辨识活动的范围与内容

（1）施工现场危险源辨识不仅包括施工作业区，还包括加工区、办公区和生活区。

（2）危险源辨识与评价活动必须包括：工作场所的设施（如施工现场办公区、钢丝等加工区、施工作业区的设施），工作场所使用的设备、材料、物资，常规作业活动，进入施工现场的相关方人员等。

4. 对危险源的处理

（1）针对人的不安全行为，从心理学和行为学方面研究解决，可通过培训来提高人安全意识和行为能力，以保证人的行为的可靠性。

（2）针对物的不安全状态，从研究安全技术入手，采取安全措施来解决，也可通过各种有效的安全技术系统保证安全设施的可靠性。

（3）对结构复杂、施工难度大、专业性强的项目，必须制定项目总体及各标段、业工程系统的安全施工措施。

（4）对高空作业等非常规性的作业，应制定单项职业健康安全技术措施和预防措施，并对管理人员、操作人员的安全作业资格和身体状况进行合格审查。

6.2.3 职业健康和安全管理责任与具体要求

1. 工程项目职业健康和安全管理责任

项目部应建立工程项目职业健康安全生产责任制，并把责任目标分解落实到个人，各个部门和各级人员都应承担相应的责任。

（1）项目部

项目部对工程项目的职业健康和安全担负总体责任，具体包括以下方面：

①认真执行相关的职业健康安全法律、法规和其他要求。

②制定健康和安全管理目标，并将目标责任进行分解，落实到人。

③负责项目危险源的汇总、分析、评价，针对重大风险制定控制措施和应急预案等。

④编制安全技术措施。

⑤负责安全交底和职业健康安全教育培训工作。

⑥负责施工现场安全和环境管理。

⑦对施工现场每周进行一次安全检查，查处安全隐患，下达隐患通知书。

（2）承包商

按照工程承包合同的要求，承包商应设立专门人员负责工程人员的职业健康和安全工作，具体包括以下方面：

①负责相关的法律、法规和其他要求及本企业规章制度的贯彻落实，做好施工现场安全的监督、检查。

②参与施工组织设计中安全技术措施的审核、监督。

③负责施工现场危险源辨识、评价和控制，针对重大风险制定预防措施和应急预案。

④开展安全生产宣传教育和安全技术培训，负责对项目部新入场工人进行培训。

⑤参加工程项目和引进技术、设备的安全防护装置及采用新技术、新材料、新设备的安全技术措施的审查。

⑥对劳动防护设施和劳动保护用品的质量和使用进行检查。

（3）技术质量管理部门

技术质量管理部门的主要工作包括以下几方面：

①认真执行职业健康安全法律、法规和其他要求，负责工程质量、技术工作中的安全管理。

②编制或修订安全技术操作规程、工艺技术指标。

③组织安全技术交底工作和参加安全检查，对存在的安全隐患从技术方面提出纠正措施。

④参加施工组织设计的会审。

⑤在竣工时，应对工程的安全保护装置进行验收，对不符合要求的部分指令采取纠正措施等。

2. 职业健康和安全管理的具体要求

(1) 工程设计

工程设计要考虑采取有利于施工人员、生产操作人员和管理人员职业健康与安全的设计方案,通过综合分析影响工程安全施工和运行的各种因素,包括结构、地质条件、气象环境等,进行多方案比较,选择安全可靠的方案,并对防范生产安全事故提出指导意见。在工程设计中如采用新结构、新材料、新工艺,应注意施工和运营人员的安全操作和防护的需要,提出有关安全生产的措施和建议。

(2) 工程项目实施

①应按规定向工程所在地的县级以上地方人民政府建设行政主管部门报送项目安全施工措施的有关文件,以及根据消防监督审核程序,将项目的消防设计图纸和资料向公安消防机构申报审批,在取得安全行政主管部门颁发的《安全施工许可证》后才可开工。总承包单位和每一个分包单位都应持有《施工企业安全资格审查认可证》。

②在项目实施过程中,通过系统的污染源识别和评估,全面制订并实施职业健康管理计划,有效控制噪声、粉尘、有害气体、有毒物质和放射物质等对人体的伤害。

③在项目实施过程中,必须把好安全生产"六关",即措施关、交底关、教育关、防护关、检查关、改进关。对查出的安全隐患要做到"五定",即定整改责任人、定整改措施、定整改完成时间、定整改完成人、定整改验收人。

④在项目实施过程中,要定期进行安全检查。安全检查的目的是消除隐患、防止事故、改善劳动条件及提高员工的安全生产意识,是安全控制工作的一项重要内容。

(3) 施工现场生活设施要求

①设计施工平面图和安排施工计划时,应充分考虑安全、防火、防爆和职业健康等。

②施工现场应当设置各类必要的职工生活设施,并符合卫生、通风、照明等要求。

③施工现场的生活设施必须符合卫生防疫标准要求,采取防暑、降温、取暖、消森防毒等措施。应建立施工现场卫生防疫管理网络和责任系统,落实专人负责管理并检查健康服务和急救设施的有效性。此外,施工现场应配备紧急处理医疗设施。

④应在施工现场建立卫生防疫责任系统,落实专人负责管理现场的职业健康服务系统和社会支持的救护系统。制定卫生防疫工作的应急预案,当发生传染病、食物中毒等突发事件时,可按预案启动救护系统并进行妥善处理。同时,应积极做好灾害性天气、冬季和夏季流行疾病的防治工作。

(5) 项目施工现场安全设施要求

①施工现场安全设施齐全,并符合国家及地方有关规定。

②建立消防管理体系,制定消防管理制度。施工现场必须设有消防车出入口和行驶路。施工现场的通道、消防出入口、紧急疏散楼道等必须符合消防要求,设置明显标志。

③消防设施应保持完好的备用状态。储存和使用易燃、易爆器材时,应采取特殊消防安全措施。施工现场严禁吸烟。

④临街脚手架、临近高压电缆以及起重机臂杆的回转半径达到街道上空的,均应按要求设置安全隔离设施。危险品仓库附近应有明显标志及围挡设施。

⑤施工现场的各种安全设施和劳动保护器具,必须定期进行检查和维护,及时消除

隐患,保证其安全有效。

⑥施工现场用电线路、用电设施的安装和使用必须符合安装规范和安全操作规程。

(5)危险作业和特殊作业职业健康和安全管理要求

①必须为从事危险作业的人员在现场工作期间办理意外伤害保险。各类人员必须具备相应的执业资格才能上岗。

②特殊工种作业人员必须持有特种作业操作证,并严格按规定定期进行复查。

③施工机械(特别是现场安设的起重设备等)必须经安全检查合格后方可使用。

④施工中需要进行爆破作业的,必须向所在地有关部门办理进行爆破的批准手续,由具备爆破资质的专业组织进行施工作业。

⑤对高空作业、井下作业、水上作业、水下作业、爆破作业、脚手架上作业、有害有毒作业、特种机构作业等专业性强的施工作业,以及从事电气、压力容器、起重机、金属焊接、井下瓦斯检验、机动车和船舶驾驶等特殊工种的作业,应制定单项安全技术措施,并应对管理人员和操作人员的安全作业资格和身体状况进行合格审查。

对达到一定规模的、危险性较大的基坑支护及降水工程、土方开挖工程、模板工程、起重吊装工程、脚手架工程、拆除工程、爆破工程和其他危险性较大的工程,应编制专项施工方案,并附安全验收结果。

⑥对于防火、防毒、防爆、防洪、防尘、防雷击、防触电、防坍塌、防物体打击、防机械伤害、防溜车、防高空坠落、防交通事故、防寒、防暑、防疫、防环境污染等作业,均应编制安全技术措施计划。

6.3　工程项目环境管理

6.3.1　工程项目环境管理概述

1.工程项目环境管理内涵

工程项目 HSE 管理中所指的环境管理主要是指在工程的建设和运营过程中对自然和生态环境的保护,以及按照法律法规、合同和企业的要求,保护和改善作业现场环境,控制和减少现场的各种粉尘、废水、废气、固体废弃物、噪声、振动等对环境的污染和危害。

2.工程项目对环境的影响以及与环境的交互作用

自 20 世纪中叶以来,环境危机被列为全球性问题,这些危机的根源与建设工程项目有着一定的联系。例如,工业化与城市化迅猛发展造成资源的浪费以及环境的污染等,工程项目已逐渐成为影响环境的重要污染源之一。工程项目建设与运行中排放的废水、废气和体废弃物,无论是对大气、水体还是人类自己都会造成巨大的隐患。

同时,工程项目对环境有很大的依赖性,如自然环境、人文环境等。项目的环境影响着工程项目的实施,项目与环境之间是相互制约、相互协调的交互关系。只有促进环境与工程协调发展,才能取得工程的成功。

3.工程项目环境管理的目的

工程项目环境管理的目的在于防止建设项目产生污染,造成对生态环境的破坏,以保护环境。

6.3.2　我国工程项目环境评价制度

我国自 2003 年 9 月 1 日开始实施《中华人民共和国环境影响评价法》。总体来说,我国的项目环境影响评价体系可以归纳为以下几点:

(1)依法进行严格的环境影响评价,提出环境影响评价报告。根据建设工程项目对环境的影响程度编制环境影响评价文件。按照工程对环境的影响程度,该评价文件分为三类,包括环境影响报告书、环境影响报告表和环境影响登记表。国家相关主管部门根据所提交的评价文件对建设项目进行分类管理。评价项目对环境的影响,包括环境污染、对生态的影响和对人文景观的影响等内容。应根据建设工程项目环境影响报告和总体环保规划,全面制订并实施工程项目范围内环境保护计划,有效控制污染物及废弃物的排放,并进行有效治理;保护生态环境,防止因工程建设和投产引发生态变化与扰民问题;防止水土流失;进行绿化规划等。同时,应注重分析项目对环境的影响和污染,制定防治措施,并报上级主管部门批准。

(2)编撰评价文件。评价文件应由具有相应环境影响评价资质的机构提出,包括建设项目周边环境的描述、对环境将产生的影响的预测,并提出具体的技术与组织措施,分析环境影响的经济损益,编写或按格式填写最终结论,报相关的行政主管部门审批。在工程建设阶段,对照环境影响评价文件采取恰当的保护措施或改进措施并备案。

(3)根据规定,在项目总投资中必须明确保证有关环境保护设施建设的投资情况。

(4)只有在环境影响报告获批准后,计划部门才可批准建设项目设计任务书。

(5)项目实施必须实行"三同时"。所有的新建、改建、扩建和技术改造项目以及开发项目都必须实现"三同时",即污染治理的设施与主体工程同时设计、同时施工、同投产运行。

通过对工程项目环境影响的评价并制定相应的预防和应急措施,可确保工程项目环境管理在工程全寿命期中得以有效实施。

6.3.3　设计阶段的环境管理

在工程设计阶段,环境管理的主要目标是最大限度地做好资源和环境的规划设计,以便合理利用。应根据环境影响评价文件,对环境产生影响的因素进行仔细考虑,并结合工程设计要求,提出相应的技术和管理措施,并且反映在设计文件中。

设计必须严格执行有关环境管理的法律、法规和工程建设强制性标准中关于环境保护的相应规定,应充分考虑环境因素,防止因设计不当导致环境问题的发生。此外,还应加强设计人员的环境教育,提高其环境保护意识和职业道德。

6.3.4 施工阶段的环境管理

施工阶段是工程项目环境管理的关键阶段。施工阶段一般时间都比较长,工序复杂,很多环境问题都集中在施工现场,如会产生大量的粉尘、噪声、污水、建筑垃圾等,这会给城市造成严重污染,阻碍社会的和谐发展。

1.施工现场环境管理的基本要求

《中华人民共和国建筑法》《中华人民共和国环境保护法》《建设项目环境保护管理条例》等法律法规中均对工程项目的环境保护提出了相应的规定。要严格执行以上相关的法律法规和标准规范,建立项目施工环境管理的检查、监督和责任约束机制。对施工中可能产生的污水、烟尘、噪声、强光、有毒有害气体、固体废弃物、火灾、爆炸和其他灾害等对环境有害的因素,实行信息跟踪、预防预报、明确责任、制定措施和严格控制的方针,以消除或降低对施工现场及周边环境(包括人员、建筑、管线、道路、文物、古迹江河、空气、动植物等)的影响或损害。

2.施工现场环境管理的主要内容

(1)项目部应在施工前了解经过施工现场的地下管线,标出位置,加以保护。施工时如发现文物、古迹、爆炸物、电缆等,应当停止施工,保护现场,及时向有关部门报告,按照规定处理后方可继续施工。

(2)项目部应对施工现场的环境因素进行分析,对可能产生污水、废气、噪声、固体废弃物等的污染源采取措施,进行实时控制,具体包括以下方面。

①建筑垃圾和渣土应堆放在指定地点并应采取措施定期清理搬运。

②装载建筑材料、垃圾或渣土的车辆,应采取防止尘土飞扬、洒落或流溢的有效措施。根据施工现场的需要,还应设置机动车辆冲洗设施并对冲洗污水进行处理。

③应按规定有效处理有毒有害物质,禁止将有毒有害废弃物作为方回填。除有符合规定的装置外,不得在施工现场熔化沥青和焚烧油毡、油漆及其他可产生有毒有害烟尘恶臭气味的废弃物。

④施工现场应设置畅通的排水沟渠系统,保持场地道路的干燥、坚实。施工现场的浆和污水未经处理不得直接外排。

⑤条件允许时,可对施工现场进行绿化布置。

(3)项目部应依据施工条件和施工总平面图、施工方案和施工进度计划的要求,综合考虑节能、安全、防火、防爆、防污染等因素,认真进行所负责区域场地的平面规划、设计、布置、使用和管理,具体包括以下方面:

①现场的主要机械设备、脚手架、密封式安全网和围挡、模具、施工临时道路,水、电、气管线,施工材料制品堆场及仓库,土方,建筑垃圾堆放区、变配电间、消火栓、警卫室和现场的办公、生产和生活临时设施等的布置,均应符合施工平面图的要求并根据现场条件合理进行动态调整。

②现场入口处的醒目位置应公示:工程概况牌、安全纪律牌、防火须知牌、安全无重大事故牌、安全生产及文明施工牌、施工总平面图、项目经理部组织架构及主要管理体制

人员名单图。

③施工现场必须设立门卫,根据需要设置警卫,负责施工现场保卫工作,并采取必要的保卫措施。主要管理人员应在施工现场佩戴证明其身份的标识。

(4)项目部应做好现场文明施工工作,促进施工阶段的环境保护。

文明施工是施工企业管理水平的最直观体现,内容包括施工现场的场容管理、现场机械管理、现场文化与卫生等全方位管理。

①现场文明施工的一般要求。文明施工可以保持施工现场良好的作业环境、卫生环境和工作秩序,一般包含以下几点要求:

a. 规范施工现场的场容,保持作业环境的整洁卫生。

b. 科学组织施工,使施工过程有序进行。

c. 减少施工对周围居民和环境的影响,保证职工的安全和身心健康

d. 管理责任明确,奖惩分明。

e. 定期检查管理实施程度。

②施工现场的场容管理。场容管理作为施工现场管理的重要方面,无论是政府主管部门,还是施工企业,以及项目经理部都应该予以重视。施工现场的场容管理要在施工平面图设计的合理安排和物料器具定位管理标准化的基础上,做到以下几点:

a. 施工中需要停水、停电、封路而影响环境时,必须经有关部门批准,事先告示。

b. 在行人、车辆通过的地方施工,应当设置沟、井、坎覆盖物和标志。

c. 针对现场人流、物流、安全、保卫、遵纪守法方面等提出公告或公示要求。

d. 针对管理对象(不同的分包人)划定责任区和公共区。

e. 及时清理现场,保持场容场貌的整洁。

f. 施工机械应当按照施工总平面布置图规定的位置和线路设置。

g. 应保证施工现场道路畅通,排水系统处于良好的使用状态。

(5)在工程竣工阶段,组织现场清理工作时会产生大量的建筑垃圾和粉尘,给资源环境带来很多问题,应重视对建筑垃圾的处理。

6.3.5　项目结束阶段的环境管理

工程项目结束阶段的环境管理是一个薄弱环节,在该阶段的主要工作如下:

(1)在主体工程竣工验收的同时,进行环境保护设施竣工验收,保证项目配套的环路保护设施与主体工程同时投入试运行。

(2)应当向环境保护主管部门申请与工程配套建设的环境保护设施的竣工验收,并对环境保护设施的运行情况和建设项目对环境的影响程度进行监测。要注重对自然环境标的监测,如大气、水体等周边环境资源,必须确保其污染排放量限制在国家规定的标准范围内。

(3)对工程项目环境保护设施效果进行监控与测量,是对环境管理体系的运行进行监督的重要手段。为了保证监测结果的可靠性,应定期对监测和测量设备进行校准和维护。

(4)在项目后评价中应对工程项目环境设施的建设、管理和运行效果进行调查、分析、评价,若发现实际情况偏离原目标、指标,应提出改进的意见和建议。

6.4　案　例

"文明施工"工地乃是所在企业各项管理工作水平的综合体现,是从现场材料、设备、安全、技术、保卫、消防和生活卫生等方面进行的管理工作。项目实施过程中,文明施工与成本的协调、文明施工管理的繁琐,都制约着建筑业文明施工的发展。但采用标准化的文明施工举措,提高材料的周转率、降低各项管理动作与设施设备的采购价格,能够有效促进项目的文明施工管理,降低安全措施投入。

本案例为中国核工业第二二建设有限公司合正方州科创广场1栋、2栋、3栋项目的文明施工标准化做法,案例来源于建筑工程鲁班联盟。

6.4.1　现场围挡

采用槽钢作为主龙骨,方通作为次龙骨,铁皮作为面板,制作形成装配式围挡,下部设置500mm高混凝土反坎,一般以4~6m作为一个节在现场进行拼装。围挡坚固不易损坏,可实现10个工地的周转。外部按照地方政府要求或者公司要求设置公益广告或企业宣传,日常需注意定期(每周一次)对围挡上的污染进行检查并清理。工地现场围挡如图6-6所示。

(a) 装配式围挡　　　　　　　　　　　　(b) 围挡公益广告

图 6-6　某住宅标准层平面图和剖面图

6.4.2　封闭管理

按照深圳市标准化图册设置大门,采用现代风格,大门同时配置门卫室、全高实名制闸机、电动伸缩门、宣传片播放 LED 屏、玻璃幕墙式门卫室等。整体材料采用钢材＋铁皮进行拼装。工地结束后,可转运至其他工地进行翻新周转使用。

日常管理中,所有人员通行均需走实名制通道,经人脸识别后确定为在场员工方可进场,同时进行了考勤登记,同时设置一名保安进行监督。

在人行出入口单独设置门卫室与闸机通道,便于工人出入管理,如图 6-7 所示。

图 6-7　人行出入口

进入施工现场后,实行人车分流管理,采用铁马进行围合,施工人员可以直接走人行区域进入安全通道。

在主通道上设置自动冲洗车设备,进出施工现场的所有车辆均需要通过自动冲洗车设备。采用智能感应系统,车辆经过时可以自动冲洗,如图 6-8 所示。

图 6-8　自动冲洗车设备

6.4.3 施工场地管理

所有材料堆场、临时道路均进行硬化。硬化时考虑临时道路与正式道路的永临结合，对地面提前进行处理，如图 6-9 所示。

(a) 临时道路硬化

(b) 材料堆场硬化

图 6-9　施工场地硬化处理

环作业区域设置自动喷淋，作为第一道扬尘治理措施，如图 6-10 所示。采用方通沿作业区围挡间距 6m 布置，高度 3m，设置喷淋管。为防止扬尘飘散至外部道路，沿项目围挡布置自动喷淋，喷淋头设置在围挡的顶部。同时，现场按照作业面积 1000m²/个配置雾炮机，根据作业需求使用。施工主入口设置 TSP 监测系统，同时与智慧总控平台相连，实时将现场扬尘数据反馈至后台，同时通过扬尘监测系统提前设定的数字，超标时自动开启现场喷淋，如图 6-11 所示。

(a) 环围挡自动喷淋

(b) 雾炮机配置

图 6-10　施工场地扬尘治理设备

环临时道路配置排水沟，间距 50m 设置一处沉淀池，方便周期性清淤。场地设置两处三级沉淀池，经沉淀后排入市政管网。非过车路段排水沟采用成品 PVC 排水沟＋盖板,可实现两个以上项目周转使用;过车路段采用铝合金排水沟,如图 6-12 所示。对于施工用水,按占地面积 5000m² 设置一处三级沉淀池,雨水经三级沉淀后排出;对于可能产生废水油漆、防水材料等处,均严格管理,包装桶实行一进一出管理;对于生活污水、废水,设置化粪池、隔油池,分别进行处理。

图 6-11　入口处扬尘监测系统

(a) 排水沟

(b) 沉淀池

图 6-12　排水排污处理

在总平面设置供给白开水、凉茶、防暑药品、急救药品的部位,且在周边设置敞开式吸烟亭,供上下班工人休息,如图 6-13 所示。按照企业标准化图册制作班前讲评台,可实现拆分后进行多项目周转;工人按工种不超过 20 人分为一组并配备标牌,方便日常进行班前讲评。

(a) 烟茶亭设置与应急救援点　　　　　　　(b) 班前讲评台

图 6-13　总平面人性化设置

6.4.4　综合管理

通过设置安全设施,建立民工夜校、职工之家、活动室、积分超市等,以提高项目的综合管理水平,提升工人安全、文明、健康等方面的能力与素质。如图 6-14 和图 6-15 所示。

(a) 办公区消防设施　　　　　　　　　(b) 消防水泵房

图 6-14　消防安全设施

(a) 积分超市　　　　　　　　　　(b) 篮球赛

图 6-15　健康文明设施

6.4.5　新技术应用助力文明施工管理

使用可周转的铝合金材料代替传统的木模板,减少了钢管、顶托、扣件的用量。本工程采用塔式布料机,相较于传统手摇式布料机,其具有自爬升的优点,浇筑速度是传统布料机的两倍;塔式布料机施工对结构无影响,无须在总平面中布置堆放场地,如图 6-16 所示。标准层以上采用 ALC 条板作为砌筑材料;基于本工程 4.2m 层高且使用铝模＋爬架建造体系的情况,相较传统砌块、轻质墙板等材料,ALC 条板具有免压槽、免抹灰、免圈梁、免养护的优点,其最大限度地做到了施工干作业。外脚手架搭设采用盘扣式,配备冲孔钢板网、钢跳板,人行通道采用定型化楼梯搭设。相较传统的密目网＋钢管脚手架＋钢笆片模式脚手架,具有外立面效果好,整体架体规范程度高、维护要求低、节约材料等优点。

(a) 组合铝合金模板应用　　　　　　　　　　(b) 塔式布料机应用

图 6-16　新施工技术应用

在项目现场设置工程概况、场平布置、进度计划、企业文化等二维码用于现场展示与实时查阅。设置基于 BIM 的二维码用于现场展示塔吊方案、交底、维保、垂直度测量,进行大型机械设备管理与方便检查,如图 6-17 所示。使用基于 BIM 的二维码技术,对技术交底、安全技术交底、岗位操作规程、工艺三维动画等,方便工人随时进行查看学习。基于 BIM 进行场平三维正向设计,合理地进行堆场、道路、安全设施的摆放,使整个现场整洁有序。

(a) 工程概况二维码展示　　　　　　　　　　(b) 场平三维正向设计

图 6-17　BIM 技术应用

案例来源:《观摩中核文明施工标准化工地:12 大项 88 小项做法,全面学习!》2022-07-21 19：00 (公众号:建筑工程鲁班联盟)

本章小结

1．内容

（1）主要内容：工程项目职业健康安全与环境管理概述；工程项目职业健康安全与环境管理制度。

（2）重点：工程项目职业健康安全与环境管理制度；安全管理体系标准。

（3）难点：工程施工现场安全管理。

2．要求

了解工程项目职业健康安全与环境管理制度和安全管理体系标准，熟悉工程施工现场 HSE 管理的内容。

思考练习

1．工程项目的 HSE 管理是指对工程项目的（　　）的专业管理。

A．环境　　　　　　B．风险　　　　　　C．安全　　　　　　D．健康

2．所有的新建、扩建、改建和技术改造项目以及开发项目都必须实现"三同时"，即污染治理的设施与主体工程（　　）。

A．同时策划　　B．同时设计　　　　C．同时施工　　　　　D．同时投产运行

3．职业健康安全事故，即（　　）与（　　）。

习题解答

第六章　习题答案

第7章 建设工程项目合同管理

知识目标

了解工程项目合同管理的相关概念;熟悉合同管理的内容;掌握合同控制的方法。

能力目标

具备运用合同管理知识进行合同选择和合同实施控制以及合同索赔处理的能力。

思政目标

在讲解合同管理过程中适时引入"实事求是""诚实守信""讲规矩、有纪律"等思政元素。

思维导图

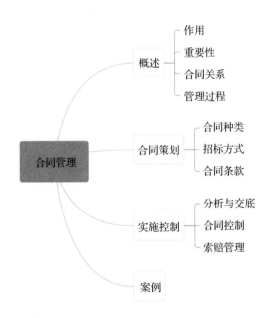

7.1 概 述

7.1.1 合同在工程项目中的作用

在工程项目中，合同具有特殊的作用，对整个项目的设计、计划和实施过程有着决定性影响。

(1)合同分配着工程任务。项目目标和计划的落实是通过合同来实现的，它详细具体地定义了与工程任务相关的各种问题，主要有：责任人；工程任务的规模、范围、质量、工作量及各种功能要求；工期；价格（包括工程总价格、各分项工程的单价和合价及付款方式等）；不能完成合同任务的责任等。

(2)合同确定了项目的组织关系和运作规则。合同规定了项目参加者各方面的责权关系，确定项目的各种管理职能和程序，所以它直接影响整个项目组织和管理组织的形成和运作。

(3)合同作为项目任务委托和承接的法律依据，是工程实施过程中相关方的最高行动准则。工程实施过程中的一切活动都是为了履行合同，都必须按合同办事，各方面行为主要靠合同来约束。合同具有法律效力，受到法律的保护和制约。订立合同是法律行为。合同一经签订，只要合同合法，双方必须全面完成合同规定的责任和义务。如果不能履行自己的责任和义务，甚至单方面撕毁合同，则必须接受经济上的甚至法律上的处罚。除了有特殊情况（如不可抗力等）使合同不能实施外，合同当事人即使亏本甚至破产也不能摆脱这种法律约束力。因此，合同是工程施工与管理的要求与保证，同时又是工程项目强有力的控制手段。

(4)合同用于协调项目参与方的行为。合同将工程中所涉及的生产、材料和设备供应、运输、各专业设计和施工的分工协作关系联系起来，协调并统一项目各个参与者的行为。如果没有合同和合同的法律约束力，就不能保证项目各个参与者在项目实施的各个环节上都能按时、按质、按量地完成各自的义务，就不会有正常的工程施工秩序，就不可能顺利地实现工程总目标。

(5)合同是工程实施过程中用于解决争执的依据。由于项目组织成员在经济利益方面的不一致，在工程项目中会经常发生争执。项目组织争执常常起因于经济利益冲突，常常具体表现为双方对合同理解的不一致，合同实施环境的变化，以及有一方违反合同或未能正确履行合同等。合同对争执的解决具有以下两个决定性作用：争执的判定以合同作为法律依据；争执的解决方法和解决程序由合同规定。

7.1.2　合同管理的主要内容和重要性

在建设工程项目的实施过程中,往往会涉及许多合同,比如设计合同、咨询合同、科研合同、施工承包合同、供货合同、总承包合同、分包合同等。大型建设项目的合同数量可能达数百上千。所谓合同管理,不仅包括对每个合同的签订、履行、变更和解除等过程的控制和管理,还包括对所有合同进行筹划的过程。因此,合同管理的主要工作内容有:根据项目的特点和要求确定设计任务委托模式和施工任务承包模式(合同结构)、选择合同文本、确定合同计价方法和支付方法、合同履行过程的管理与控制、合同索赔等。

合同管理是建设工程项目管理的重要内容之一。合同管理越来越受到人们的重视,已成为与进度管理、质量管理、成本管理和信息管理等并列的一大管理职能,具体原因如下:

1. 在现代工程项目中合同管理越来越复杂

工程项目合同管理的复杂性主要体现在以下几个方面:

(1)合同标的物——工程的实施过程是十分复杂的,合同实施中要求较高的技术水平和管理水平。

(2)工程合同复杂。在工程中相关的合同很多,会有几十份、几百份,甚至几千份合同,它们之间有复杂的关系。

(3)工程合同的文件很多,包括合同条件、协议书、投标书、图纸、规范、工程量表等,且合同条款越来越多。

(4)合同生命期长,实施过程十分复杂。由于工程项目持续时间长,这使得相关的合同,特别是工程承包合同生命期长,一般至少 2 年,甚至可达 5 年或更长的时间。合同管理必须与工程项目的实施过程同步、连续、不间断地进行。

(5)合同是在工程实施前签订的,常常很难说得清楚。在合同实施过程中,环境具有多变性,干扰事件多,造成合同变更多、争执多、索赔多。

2. 合同管理在工程项目管理中处于核心地位

因为合同中包括项目的整体目标,所以在工程项目管理中合同管理居于核心地位,对进度控制、质量管理和成本管理有总控制和总协调作用,作为一条主线贯穿始终

3. 合同管理对工程经济效益影响大

由于工程价值量大,合同价格高,合同管理对工程经济效益影响很大。实践证明,合同管理得好,就能更好地平衡各方面的利益,促进项目的成功。

4. 严格的合同管理是现代国际工程惯例

严格的工程招标投标制度、建设工程监理制度和国际通用的 FIDIC 合同条件等,都与合同管理有关。

7.1.3　工程项目中的主要合同关系

在现代社会化大生产的背景下,分工日趋专业化,一个规模较大的工程项目,其相关的合同就有几十份、几百份甚至几千份。这些合同都是为了完成项目目标,定义项目的

活动,它们之间存在复杂的关系,形成项目的合同体系。在这个体系中,业主和承包商是两个最重要的节点,如图7-1所示。

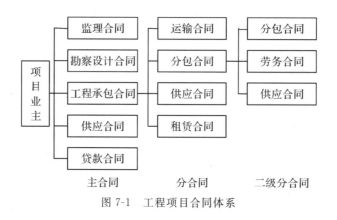

图 7-1 工程项目合同体系

1.业主的主要合同关系

业主必须将经过项目结构分解所确定的各种工程活动和任务通过合同委托出去,由专门的单位来完成。通常业主必须签订咨询(监理)合同、勘察设计合同、供应合同(业主负责的材料和设备供应)、工程施工合同、贷款合同等。

2.承包商的主要合同关系

承包商要承担合同所规定的责任,包括工程量表中所确定的工程范围的施工、竣工及保修,并为完成这些责任提供劳动力、施工设备、建筑材料、管理人员、临时设施,有时也包括设计工作。围绕着承包商常常会有复杂的合同关系,必须签订工程分包合同、设备和材料供应合同、运输合同、加工合同、租赁合同以及劳务合同等。

3.其他方面的合同关系

分包商有时也可把其工作再分包出去,形成多级分包合同;设计单位、供应单位也可能有分包;承包商有时承担部分工程的设计任务,其也需要委托设计单位;如果工程的付款条件苛刻,承包商需带资承包,其也必须订立贷款合同;在许多大型工程中,特别是EPC总承包工程中,承包商往往是几个企业的联营体,则这些企业之间必须订立联营承包合同。

4.委托合同

但不论合同数量的多少,根据合同中的任务内容可划分为勘察合同、设计合同、施工承包合同、物资采购合同、工程监理合同、咨询合同、代理合同等。根据《中华人民共和国合同法》,勘察合同、设计合同、施工承包合同等属于建设工程合同,工程监理合同、咨询合同等属于委托合同。

(1)建设工程勘察,是指根据建设工程的要求,查明、分析、评价建设场地的地质地理环境特征和岩土工程条件,编制建设工程勘察文件的活动。建设工程勘察合同即发包人与勘察人就完成商定的勘察任务明确,双方权利义务关系的协议。

(2)建设工程设计,是指根据建设工程的要求,对建设工程所需的技术、经济、资源、环境等条件进行综合分析和论证,编制建设工程设计文件的活动。建设工程设计合同即发包人与设计人就完成商定的工程设计任务明确双方权利义务关系的协议。

(3)建设工程施工,是指根据建设工程设计文件的要求,对建设工程进行新建、护建、改建的施工活动。建设工程施工承包合同即发包人与承包人为完成商定的建设工程项目的施工任务明确双方权利义务关系的协议。

(4)工程建设过程中的物资包括建筑材料和设备等。建筑材料和设备的供应一般需要经过订货、生产(加工)、运输、储存、使用(安装)等各个环节,经历一个非常复杂的过程。物资采购合同分建筑材料采购合同和设备采购合同,是指采购方(发包人或承包人)与供货方(物资供应公司或生产单位)就建设物资的供应明确双方权利义务关系的协议

(5)建设工程监理合同是建设单位(委托人)与监理人签订,委托监理人承担工程监理任务而明确双方权利义务关系的协议。

(6)咨询服务,根据其咨询服务的内容和服务的对象不同又可以分为多种形式。咨询服务合同是由委托人与咨询服务的提供者之间就咨询服务的内容、咨询服务方式等签订的明确双方权利义务关系的协议。

(7)工程建设过程中的代理活动有工程代建、招标投标代理等,委托人应该就代理的内容、代理人的权限、责任、义务以及权利等与代理人签订协议。

7.1.4 合同管理过程

1.合同的生命期

不同种类的合同有不同的委托和履行方式,经过不同的过程,就有不同的生命期。在项目的合同体系中比较典型的,且最为复杂的是工程承包合同,它经历了以下两个阶段:

(1)合同形成阶段。合同一般通过招标投标来形成,它通常从起草招标文件开始直到合同签订为止。

(2)合同的执行阶段。这个阶段从签订合同开始,承包商按合同规定完成工程,直至保修期结束为止。

工程承包合同的生命期如图 7-2 所示。

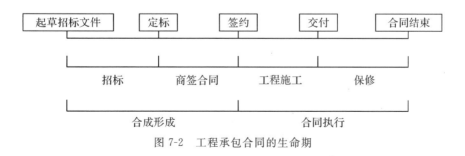

图 7-2 工程承包合同的生命期

2.管理过程

合同管理是通过工程合同策划、招标、商签、实施监督,保证项目总目标的实现。作

为项目管理工作的一部分,合同管理贯穿项目运作的全过程。工程项目合同管理工作过程如图 7-3 所示。

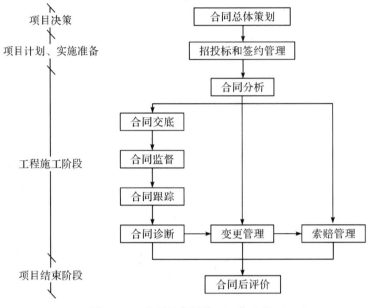

图 7-3　工程项目合同管理工作过程

7.2　合同策划

建筑工程项目合同实施总体策划是指在项目的开始阶段,对那些带根本性和方向性的,对整个项目、整个合同实施有重大影响的问题进行确定。其目标是通过合同保证项目目标和项目实施战略的实现。

在工程项目建设中,承包商必须按照业主的要求投标报价,确定方案并完成工程,所以业主的合同总体策划对整个工程有着很大的影响。

7.2.1　合同种类的选择

不同种类的合同,有不同的应用条件,不同的权利和责任分配,不同的付款方式,对合同双方有不同的风险,应按照具体情况选择合同类型。有时在一份工程承包合同中,不同工程分项采用不同的计价方式。最典型的合同类型有:

1.单价合同

单价合同是最常见的合同种类,适用范围广。例如,FIDIC 工程施工合同,我国的建筑工程施工合同也主要是这一类合同。

在这种合同中,承包商仅按合同规定承担报价的风险,即对报价(主要为单价)的正确性和适宜性承担责任;而工程量变化的风险由业主承担。由于风险分配比较合理,因此能够适应大多数工程,能调动承包商和业主双方的管理积极性。单价合同又分为固定单价和可调单价等形式。

单价合同的特点是单价优先,业主在招标文件中给出的工程量表中的工程量是参考数字,而实际合同价款应按实际完成的工程量和承包商所报的单价计算。虽然在投标报价、评标以及签订合同中,人们常常注重总价格,但在工程款结算中单价优先,对于投标书中明显的数字计算错误,业主有权先进行修改再评标,当总价和单价的计算结果不一致时,以单价为准调整。在单价合同中应明确编制工程量清单的方法和工程计量方法。

2.固定总合同

固定总合同以一次包死的总价格委托,除了设计有重大变更外,一般不允许调整合同价格。所以在这类合同中承包商承担了全部的工作量和价格风险。在现代建筑工程中,业主喜欢采用这种合同形式。在正常情况下,可以免除业主由于要追加合同价款、追加投资带来的麻烦。但由于承包商承担了全部风险,报价中不可预见风险费用较高。报价的确定必须考虑施工期间的物价变化和工程量变化。

以前,固定总价合同的应用范围很小,其特点主要表现为以下几点:

(1)工程范围必须清楚明确;

(2)工程设计较细,图纸完整、详细、清楚;

(3)工程量小期短,环境因素变化小,条件稳定并合理;

(4)工程结构、技术简单,风险小,报价估算方便;

(5)工程投标期相对宽裕,承包商可以详细作准备;

(6)合同条件完备,双方的权利和义务十分清楚。

但现在固定总价合同的使用范围有扩大的趋势。

3.成本加酬金合同

建筑工程最终合同价格按承包商的实际成本加一定比率的酬金计算。在合同签订时不能确定一个具体的合同价格,只能确定酬金的比率。成本加酬金合同有多种形式:成本加固定费用合同;成本加固定比例费用合同;成本加奖金合同;最大成本加费用合同等。由于合同价格按承包商的实际成本结算,承包商不承担任何风险,所以他没有成本控制的积极性;相反期望提高成本以提高自己的经济效益。这样会损害工程的整体效益。所以这类合同的使用应受到严格限制,通常应用于如下情况:

(1)投标阶段依据不准,工程的范围无法界定,无法准确估价,缺少工程的详细说明。

(2)工程特别复杂,工程技术、结构方案不能预先确定。可能按工程中出现的新的情况确定。

(3)时间特别紧急,要求尽快开工。例如,抢救、抢险工程,人们无法详细地计划和商谈。同时,人们对该种合同又作了许多改进,以调动承包商进行成本控制的积极性。

4.目标合同

目标合同是固定总价合同和成本加酬金合同的结合和改进形式。在国外它广泛使用于工业项目、军事工程项目中。承包商在项目早期(可行性研究阶段)就介入工程,并以全包的形式承包工程。

一般来说,目标合同规定,承包商对工程建成后的生产能力(或使用功能)、工程总成本、工期目标承担责任。例如,常见的有以下几点:

(1)如果工程投产后一定时间内达不到预定的生产能力,则按一定比例扣减合同价格。

(2)如果工期拖延,则承包商承担工期拖延违约金。

(3)如果实际总成本低于预定总成本,则节约的部分按预定的比例给承包商奖励,而超支部分由承包商按比例承担。

(4)如果承包商提出合理化建议被业主认可,该建议方案使实际成本减少,则合同价款总额不予减少,这样成本节约的部分业主与承包商分成。

总的说来,目标合同能够最大限度地发挥承包商工程管理的积极性。

7.2.2 项目招标方式的确定

《中华人民共和国招标投标法》规定,招标分为公开招标和邀请招标两种方式。

1.公开招标

公开招标亦称无限竞争性招标,招标人在公共媒体上发布招标公告,提出招标项目和要求,符合条件的一切法人或组织都可以参加投标竞争,都有同等竞争的机会。按规应该招标的建设工程项目,一般应采用公开招标方式。

公开招标的优点是招标人有较大的选择范围,可在众多的投标人中选择报价合理、工期较短、技术可靠、资信良好的中标人。但是,公开招标的资格审查和评标的工作量比较大、耗时长、费用高,且有可能因资格预审把关不严导致鱼目混珠的现象发生。如果采用公开招标方式,招标人就不得以不合理的条件限制或排斥潜在的投标人。例如不得限制本地区以外或本系统以外的法人或组织参加投标等。

2.邀请招标

邀请招标亦称有限竞争性招标,招标人事先经过考察和筛选,将投标邀请书发给某些特定的法人或者组织,邀请其参加投标。

为了保护公共利益,避免邀请招标方式被滥用,各个国家和世界银行等金融组织都有相关规定:按规定应该招标的建设工程项目,一般应采用公开招标,如果要采用邀请招标,需经过批准。

对于有些特殊项目,采用邀请招标方式确实更加有利。根据《中华人民共和国招标投标法实施条例》第八条的规定:"国有资金占控股或者主导地位的依法必须进行招标的项目,应当公开招标;但有下列情形之一的,可以邀请招标:技术复杂、有特殊要求或者受自然环境限制,只有少量潜在投标人可供选择;采用公开招标方式的费用占项目合同金额的比例过大。"

招标人采用邀请招标方式,应当向三个以上具备承担招标项目的能力、资信良好的特定的法人或者其他组织发出投标邀请书。

世界银行贷款项目中的工程和货物的采购,可以采用国际竞争性招标、有限国际招标、国内竞争性招标、询价采购、直接签订合同、自营工程等采购方式。其中,国际竞争性招标和国内竞争性招标都属于公开招标,而有限国际招标则相当于邀请招标。

7.2.3　项目合同条件的选择

合同条件是合同文件中最重要的部分。在实际工程中,业主可以按照需要自己(通常委托咨询公司)起章合同协议书,也可以选择标准的合同条件。可以通过特殊条款对标准文本作修改、限定或补充。合同条件的选择应注意如下问题:

(1)大家从主观上都希望使用严的、完备的合同条件,但合同条件应该与双方的管理水平相配套。如果双方的管理水平很低,而使用十分完备、周密,同时又规定十分严格的合同条件,则这种合同条件没有可执行性。

(2)最好选用双方都熟悉的标准的合同条件,这样能较好地执行。如果双方来自不同的国家,选用合同条件时应更多地考虑承包商的因素,使用承包商熟悉的合同条件。

(3)合同条件的使用应注意其他方面的制约。例如,我国工程估价有一整套定额和取费标准,这是与我国所采用的施工合同文本相配套的。

7.2.4　重要条款及其他问题

1.重要合同条款的确定

在合同实施总体策划过程中,需要对以下重要的条款进行确定:

(1)适用于合同关系的法律,以及合同争执仲裁的地点、程序等;

(2)付款方式;

(3)合同价格的调整条件、范围、方法;

(4)合同双方风险的分担;

(5)对承包商的激励措施;

(6)设计合同条款,通过合同保证对工程的控制权力,形成一个完整的控制体系;

(7)为了保证双方诚实守信,必须有相应的合同措施,如保函、保险等。

2.其他问题

在建筑工程项目合同实施总体策划过程中,除了确定上述各项问题外,还需要确定以下问题:

(1)确定资格预审的标准和允许参加投标的单位的数量。

(2)定标的标准。

(3)标后谈判的处理。

在实际建筑工程项目合同实施总体策划过程中,需要对以下问题引起足够的重视:

(1)由于各合同不在同一个时间内签订,容易引起失调,所以它们必须纳入一个统一的完整的计划体系中统筹安排,做到各合同之间互相兼顾。

（2）在许多企业及工程项目中，不同的合同由不同的职能部门（或人员）管理，在管理程序上应注意各部门之间的协调。

（3）在项目实施中必须顾及各合同之间的联系。

7.3　合同实施控制

建筑工程项目合同实施控制是指承包商为保证合同所约定的各项义务的全面完成及各项权利的实现，以合同分析的成果为基准，对整个合同实施过程的全面监督、检查、对比、引导及纠正的管理活动。建筑工程项目合同实施控制主要包括合同分析与交底、合同控制和索赔管理等工作。

7.3.1　合同分析与交底

合同实施中，承包人的各职能人员不可能人手一份合同。从另一方面来说，各职能人员所涉及的活动和问题不全是合同文件内容，而仅为合同的部分内容，或超出合同界定的职责，为此建筑工程项目合同管理人员应当进行全面的合同分解，再向各相关人员进行合同交底工作。合同交底是指承包商的合同管理人员在对合同的主要内容做出解释和说明的基础上，通过组织项目管理人员和各工程小组负责人学习合同条款和合同总体分析结果，使大家熟悉合同中的主要内容、各种规定、管理程序，了解承包商的合同责任和工程范围、各种行为的法律后果等，使大家都树立全局观念，避免在执行中出现违约行为。同时，使大家的工作协调一致，保障合同任务得到更好的实施。

在合同实施前，必须对相关合同进行分析和交底，包括以下工作内容：

1.合同分析

合同分析主要是对合同的执行问题进行研究，分析合同要求和对合同条款进行解释，并将合同中的有关规定落实到项目实施的具体问题和各工程活动中，使合同成为一份可执行的文件。它主要分析以下内容：

（1）承包商的主要合同责任、工程范围和权利。

（2）业主的主要责任和权利，工程师的权利和职责。

（3）工期、工期管理程序和工期补偿条件。

（4）工程质量管理程序、工程的验收方法。

（5）合同价格、计价方法、工程款支付程序、价格补偿条件。

（6）工程中一些问题的处理方法和过程，如履约保函、预付款程序、工程变更、保险等。

（7）双方的违约责任和争执的解决程序。

（8）合同履行时应注意的问题和风险。

2.合同交底

对项目管理班子、相关的工程负责人宣讲合同精神,落实合同责任,使参与项目的各个实施者都了解相关合同的内容,能熟练地掌握它,并将合同和合同分析文件下达落实到具体的责任人,如各职能人员、相关的工程负责人和分包商等。

建筑工程项目合同交底主要包括以下几方面内容:

（1）工程的质量、技术要求和实施中的注意点;

（2）工期要求;

（3）消耗标准;

（4）相关事件之间的搭接关系;

（5）各工程小组（分包商）责任界限的划分;

（6）完不成责任的影响和法律后果等。

7.3.2 合同控制

1.合同实施控制的主要工作

（1）为项目经理、各职能人员、所属承（分）包商在合同关系上提供帮助,解释合同,开展工作指导,对来往信件、会议纪要和指令等进行合同和法律方面的审查。

（2）协助项目经理正确行使合同规定的各项权利,防止产生违约行为,及时向各层次管理人员提供合同实施情况的报告,并对合同的实施提出建议、意见甚至警告。

（3）协调工程项目的各个合同关系,确保正常执行。

（4）做好合同相关文件（包括招标文件、合同文件、工程记录、函件、报告、通知、会议纪要、规范、图纸资料及相关法规等）的整理、分类、归档、保管或移交工作,执行合同文件的管理制度,以满足项目相关者的要求。

（5）对合同实施过程进行监督,对照合同监督各工程小组和各承包商的施工,做好组织协调工作,定期检查,以确保业主、承包商和项目管理单位都能正确履行合同。

（6）处理合同变更,对变更请求进行审查和批准,对变更过程进行控制。

（7）处理索赔与反索赔事件,处理合同争端,包括各个合同争执以及合同之间界面的争执。

（8）合同结束前,参与工程的竣工验收和移交,验证工程是否符合合同规定的条件要求。

2.合同控制的注意点

（1）由于工期、成本、质量、HSE（健康、安全和环境）等为合同所定义的目标,因此合同控制必须与进度控制、成本（投资）控制、质量控制和 HSE 管理等协调一致地进行。

（2）利用合同控制手段对参与项目各方进行严格管理，最大限度地利用合同赋予的权力，如指令权、审批权、检查权等来控制工期、成本和质量。

（3）在对工程实施进行跟踪诊断时，要利用合同分析产生工程问题的原因，并落实责任。

（4）在对工程实施进行调整时，首先要考虑应用合同措施来解决问题，要充分利用合同将对方的要求（如赔偿要求）最小化。

7.3.3 索赔管理

由于工程的特殊性和环境的复杂性，索赔是不可能完全避免的。业主与承包商、承包商与分包商、业主与供应商、承包商与其供应商之间以及业主（或承包商）与保险公司之间都可能发生索赔。在现代工程中，索赔金额往往很大。在国际工程中，超过合同价100％的索赔要求也不罕见，因此项目各个参与方都应重视索赔管理。

1.索赔

索赔是当事人在合同实施过程中，根据法律、合同规定及惯例，因非己方的过错而造成的实际损失，向责任对方提出给予补偿要求。索赔事件的发生，可以是一定行为造成的，也可以由不可抗力引起；可以是合同当事人一方引起的，也可以由任何第三方行为引起。索赔的性质属于经济补偿行为，而不是惩罚。在工程建设的各个阶段，都有发生索赔的可能性，但在施工阶段索赔发生最多。

2.索赔的双面性:索赔与反索赔

承包商可以向业主提出，业主也可以向承包商提出索赔。承包商向业主提出索赔称为索赔；业主向承包商提出索赔称为反索赔；但现在很多人习惯说反索赔即是反驳、反击或者防止对方提出的索赔。一般来说，业主在向承包商提出索赔的过程中占有主动地位，可以直接从应付给承包商的工程款中扣抵，因此，我们平时所说的索赔都是指承包商向业主提出的索赔。

3.索赔的起因

项目各参加者属于不同的单位，其经济利益不一致，而且合同是在工程实施前签订的，合同规定的工期和价格是基于对环境和工程实施状况的预测，同时又假设了合同各方都能正确地履行合同所规定的责任，但在工程项目中经常会发生以下现象：

（1）业主（包括项目管理者）未能正确履行合同义务。例如，未及时交付场地、提供图纸，未及时交付业主负责提供的材料和设备，下达错误的指令或提供错误的图纸、招标文件，以及超出合同规定干预承包商的施工过程等。

（2）业主因行使合同规定的权利而增加了承包商的费用或延长了工期，按合同规定应该给予补偿。例如，业主指令增加工程量、附加工程；或要求承包商做合同中未规定的检查，而检查结果表明承包商的工程（或材料）完全符合合同要求等。

（3）业主委托的某个单位不能承担合同责任而造成连锁反应。例如，由于设计单位未及时交付图纸，造成土建、安装工程中断或推迟，土建和安装承包商可向业主提出索赔。

（4）环境变化。如遭遇战争、动乱、物价上涨、法律变化、反常的气候条件、异常的地质条件等，则按照合同规定应该延长工期，调整相应的合同价格。

（5）承包商未能按照合同要求施工，造成工期拖延、工程质量缺陷进而造成业主费用增加，或造成业主在缺陷通知期不能按照预定的要求使用工程，业主可以向承包商提出费用和缺陷通知工期延长的索赔。

4.索赔的分类

（1）按涉及当事双方分类

①承包商与业主（或建设监理）之间的索赔。

②承包商与分包商之间的索赔。

③承包商与供应商之间的索赔。

（2）按索赔原因分类

①地质条件变化引起的索赔。

②施工中人为障碍引起的索赔。

③工程变更命令引起的索赔。

④合同条款的模糊和错误引起的索赔。

⑤工期延长引起的索赔。

⑥设计图纸错误引起的索赔。

⑦工期提前引起的索赔。

⑧施工图纸拖延引起的索赔。

⑨增减工程量引起的索赔。

⑩业主（或建设监理）拖延付款引起的索赔。

⑪货币贬值引起的索赔。

⑫价格调整引起的索赔。

⑬业主（或建设监理）承担风险引起的索赔。

⑭不可抗拒的自然灾害引起的索赔。

⑮暂停施工引起的索赔。

⑯终止合同引起的索赔。

（3）按索赔的依据分类

①合同中明示的索赔。凡是在合同条文中有明文规定的索赔项目，如设计图纸错误、变更工程的计量和价格，承包商因业主的原因造成开支亏损等，都属于这一类。

②合同中默示的索赔。这类索赔项目一般在合同条款中没有明文规定，但从合同含义中可以找出索赔的依据，如业主或监理工程师违反合同时，承包商有权提出经济赔偿。

③道义索赔，又称为"额外支付"。它是指承包商对标价估计不足导致遇到了巨大的困难而蒙受重大损失时，建设单位会超越合同条款，给承包商以相应的经济补偿

（4）按索赔的目的分类

①延长工期索赔。承包商要求业主延长施工时间，拖后竣工日期。

②经济索赔。承包商要求业主给付增加的开支或亏损,弥补承包商的经济损失。

5.索赔管理工作过程

按照国际惯例(如 FIDIC 合同),索赔工作过程如图 7-4 所示。

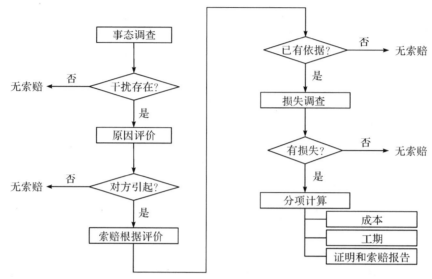

图 7-4 索赔管理工作过程

7.4 案 例

近年来,中国企业正在积极实施"走出去"战略,参与了诸多海外工程总承包项目投标报价和项目执行。然而,海外工程总承包项目的运作模式完全不同于国内类似项目,不同的业主对承包商的要求各不相同,适用的标准、法律也不尽相同,承包商面临的风险也千差万别,因此,国内承包商很难完全照抄照搬国内项目的实际经验。此外,国际工程总承包项目 EPC 合同各不相同,合同组成文件繁多,结构严谨,相关要求较为苛刻。

7.4.1 项目概况

芳烃项目是哈萨克斯坦政府为了提高其国内原油的加工深度而投资建设的项目,是中国企业首次实现中国炼化工程设计技术整体出口中亚市场,也是中国企业积极践行国家"一带一路"倡议的重要举措和重大成果,对加强中哈双方长期能源合作、深化中哈友谊、打造中国炼化技术国家新名片,助力两国经济社会发展具有重要意义。

该项目 EPC 合同在哈萨克斯坦阿特劳炼油厂(见图 7-5)签订,合同总金额为 10.4 亿美元。项目地址位于哈萨克斯坦阿特劳市(Atyrau),业主是哈萨克斯坦国家石油天然气公司,总承包商为中石化炼化工程(集团)股份有限公司。该项目为"交钥匙"建设工程,使用法国 Axens 公司的专利技术,工程范围主要包括 100 万吨/年连续重整装置、50 万吨/年芳烃抽提、50 万吨/年 PX 装置及配套系统单元。

图 7-5　阿特劳炼油厂全景

7.4.2　合同管理过程

对于国际工程总承包项目而言,合同管理工作极具挑战性,这是由其自身特点所决定的。表面上看 EPC 合同仅仅包括设计、采购和施工合同,但就项目运行整体而言,还包括联合体协议、开车、物流、人事、行政等各类相关合同,从而大大增加了项目合同管理工作的广度和难度。因此,需要有专门的合同管理部门及专业化的合同管理人员进行合同管理,芳烃项目亦是如此。

1.组织机构及职责

根据芳烃项目运行的实际需要,项目专门组建了合同法律部,如图 7-6 所示。合同法律部作为项目核心职能部门之一,由项目经理直接领导。合同法律部在岗人员共 15 人,中方员工 8 人、哈方员工 7 人(哈方含律师 3 人),具体负责整个项目 EPC、设计分包、施工分包、开车和培训分包合同,专利技术转让合同,HSE、IT,财务、行政等 11 大类合同管理工作,采购、物流合同由采购部专门负责,劳动合同则由项目人事部专门负责。

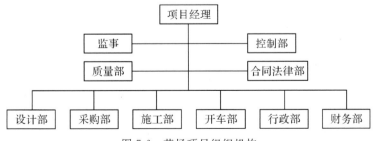

图 7-6　芳烃项目组织机构

此外,合同法律部还负责处理项目相关法律事务,包括对项目所有合同的法律审核、分包商资质审查、授权管理、当地诉讼案件处理、项目专用章管理和哈萨克斯坦法律法规的跟踪管理。

2.合同管理的七大环节

经统计,合同法律部负责管理的合同总量超过200份。就合同管理具体过程来说,主要包括以下七个环节:

(1)分包商资格预审

对于国际工程总承包项目而言,囿于总承包商人力、物力、财力等方面限制,选择有实力的当地分包商参与工程建设是总承包商的必然选择。一般而言,业主在EPC合同中也会指定某些分包商参与项目,如指定供货商等。此外,只有选择当地分包商参与项目,才能满足EPC合同中有关当地成分的要求。

就芳烃项目分包商资格预审实践而言,分包商需要提交的资质证明文件包括:公司、企业法人登记证、纳税证明、增值税证明、无欠税证明,统计证明,章程,相关资质(许可),签署合同授权书,开户行出具的有关贷款债务的证书,开户行出具的资金流动证明,以及公司高水平员工简历及工龄证明。分包商只有通过资格预审环节才能参与总承包项目相关分包范围的招投标工作。

(2)分包范围工作招投标

由于国际工程总承包项目建设本身难度大、成本高,如何按照合同工期快速、高效、低成本完成相关工作是摆在总承包商面前的难题之一。因此,对相关分包工程内容进行招投标就势在必行。

一般而言,在确定需要进行分包招投标的工作范围后,总承包商会向已经通过资格预审的当地分包商发出招投标邀请,要求其按照标书要求在规定时间内进行竞争性报价。之后,由总承包商对分包商各自提交的标书进行开标,根据最低价原则来确定中标的分包商。

(3)合同起草与谈判

在确定中标的分包商之后,总承包商则会根据EPC合同要求并结合当地的法律法规要求来起草与之对应的合同文本。通常来说,分包合同所涉及的主要条款包括:合同签订日期、地点,合同主体双方信息,合同标的(工作范围),合同价格、付款程序和条件,合同期限(交工期限),双方权利和义务,双方责任,承诺与保证,工作交接(验收与缺陷整改),安全、劳动保护和环境保护,不可抗力,合同适用法律与争议解决,合同终止与解除,其他条款(合同语言、合同变更、双方联系人信息、禁止转让条款、合同生效等)。

在此基础上,双方就合同所涉及的具体条款进行谈判与协商,直至双方最终达成一致,签订相应的分包合同。

(4)合同签订

如双方已就合同文本达成一致,则进入合同签订阶段。通常的做法是由双方先进行草签,表明双方对合同文本已进行最终认可和确认,之后由双方授权代表进行正式签署并盖章,合同自双方签字盖章后当即生效。这一做法与我国《民法典》规定相同。

（5）合同履行

合同签订后就进入合同履行阶段。只有双方按照合同的约定或者法律的规定，全面、正确地完成各自承担的义务，才能使合同目的得以实现，合同才得以真正履行。如果分包商未能按照合同要求履行其义务，则需承担相应的违约责任。

对于总承包商而言，最主要的义务是按合同规定及时向分包商付款；而对于分包商而言，最主要的义务则是按合同规定及时完成其工作内容或提供相应服务等，如有缺陷或不能满足合同要求，则由其自费进行整改，直至满足合同约定的条件。

在合同履行过程中，如果合同金额过大，则需要分包商提供预付款保函、履约保函和质保金保函。一般来说，预付款保函金额为合同价格的 15％～30％，履约保函金额为合同价格的 10％，而质保金保函金额则为合同价格的 5％～10％。

（6）合同变更与索赔

由于国际工程本身的复杂性及不确定性，国际 EPC 总承包合同在履约过程中发生变更是不可避免的。对于承包商来说，项目管理是项目利润的源泉，合同管理则是项目管理的核心，而变更索赔管理又是合同管理的核心，变更给了承包商突破合同总价增加收益的重要机会。

国际 EPC 合同变更是指在签订 EPC 合同后且在办理工程接收证书前的任何时间，业主通过发布指示或由承包商提交建议书经业主批准对原合同规定的合同条款、施工范围、设计标准、设计内容、质量标准、设备材料、施工措施、实施顺序、违约、不可抗力等内容进行的任何更改。具体来说，工程合同变更包括合同工程量变更和合同工程范围变更；而索赔则是指承包商在项目运行阶段对业主就工程项目实施提出的费用、工期补偿请求。合同变更与合同索赔的区别有两点：一是在时间上，变更是在事前发生的，而索赔是在事后提出的；二是提出的依据不同，变更通常是按预定的变更程序进行的，而索赔则是按照合同或法律程序进行的。变更是产生索赔的重要原因，但变更不一定产生索赔。

从芳烃项目最终运行情况来看，总承包合同变更事项达 90 余项，主要变更原因包括：业主提出工作范围变更，前端工程设计（Front End Engineering Design，FEED）文件有漏项，FEED 文件修改，老厂改造新增工程量以及详细设计超过 FEED 文件而增加的工程量。

此外，导致总承包商合同外费用增加，总承包商向业主提出费用索赔的原因还包括：项目现场实际工作量远超 FEED 文件规定的工作量，造成项目施工费用和管理费用急剧增加；清关物流费用因客观原因增加造成设备材料费用超支；劳务签指标限制，办理劳务许可和签证的程序长达数月之久，直接影响中方人员无法及时到现场开展工作，造成工期延长和管理成本上升；业主未能采用国际通用的里程碑付款方式，而是采用哈萨克斯坦现行的 SMETA 方式结算承包商的应付款项导致芳烃项目费用如高级专家的薪酬、赶工费用、冬季施工费、水电费等难以得到精确补偿；项目开工日期延期（业主原因）；美元与坚戈之间的汇率影响；SMETA 规定的人工费和机具费过低。

（7）合同关闭

在此阶段，由合同工程师负责对照合同条款，逐项检查双方合同义务的执行情况及合同规定的各种保函的收回情况。待所有遗留问题处理完成后，由合同工程师编制合同关闭申请报告,办理合同关闭手续,标志着整个合同管理过程形成闭环,合同义务全部履行完毕。

3.合同管理的六大特点

(1)合同种类多,管理相对复杂

如前所述,由于EPC合同内容广泛,合同管理牵涉面广,不仅仅包括设计、采购、施工合同,合同类别五花八门。不同的合同涉及的合同主体、合同标的、合同价款、合同履行方式等各不相同。因此,做好项目合同管理工作,不但要专门建立项目合同台账,对项目合同进行分门别类整理和登记,尤其对每个合同付款比例情况进行跟踪统计,防止超付进度款,还要根据项目实际需要编制好相应的各类合同模板,根据实际需要、所适用的法律法规进行修改和完善。

(2)合同管理时间较长,沟通量极大

由于国际工程项目工期较长,合同管理工作贯穿项目始终,因而很难在短时间内完成合同管理整个流程,工作往往持续到工程项目交工验收后,时间跨度较大。

同时,在合同执行过程中,承包商与业主、各分包商均需进行积极沟通。主要沟通方式有书面信函、口头、会议和电子邮件。其中,书面信函沟通是最为常见、最主要的沟通方式。据不完全统计,芳烃项目已累计接收业主书面信函达3000多封,承包商向业主发出书面信函量达2000多封,双方往来信函量超过5000封。此外,还有分包商往来信函,以KSS(印度分包商)为例,往来收发信函总量已超过7500封。合同法律部负责处理回复的信函量占2/3左右,书面沟通工作量极大。

(3)合同变更与索赔困难较大

在国际工程项目执行过程中,导致合同发生变更的因素层出不穷,而EPC合同往往采取固定总价的模式,因而业主往往处于优势地位,而承包商则处于相对劣势地位。对于承包商向业主提出的费用索赔请求,业主往往采取视而不见、避重就轻的策略。

此外,合同变更与索赔需要及时提供各类支持文件及费用计算依据,如来往信函、图纸、合同、协议、发票、会议纪要、工程量对比表、费用计算表、其他证明文件等,工作任务较为繁重,需要项目各部门大力协助与支持。因此,承包商往往需要付出巨大的努力才有可能实现合同外费用索赔成功的目标。

(4)分包商管理的难度较大

由于当地分包商良莠不齐,因此,选择合格、优质的分包商参与工程项目建设是保证项目顺利实施的重要保障之一。有时,参与招投标的合格的分包商不足三家,故无法形成有效的竞争性报价,分包商漫天要价的情况经常发生;有的分包商私下串通,故意抬高报价,致使总承包商无法有效控制招投标底价,项目成本无法得到有效控制;有的分包商在合同执行过程中,出现"跑路"、因管理不善而破产等情形而无法继续履行合同;因而总承包商对分包商管理的难度较大。

(5)合同实施风险较大

在EPC合同模式下,总承包合同中通常明确规定,在工程验收前,承包商承担工程、设备和材料的所有灭失或损坏的风险。对于国际工程项目而言,承包商面临的合同风险包括三大类:项目环境风险、项目本身风险和合同参与方风险。项目环境风险包括政治环境、经济环境、法律环境、社会环境以及自然环境方面的风险；项目本身风险包括项目本身可行性、财务、设计、采购、施工、试运行与验收方面的风险；合同参与方风险包括业主、供货商、施工分包商、代理人、政府部门的行为风险，如合同责任与风险分担约定不清、违约行为等。因此，承包商往往承担的合同风险是最大的，合同风险管理显得尤为重要。

（6）合同争议解决难度较大

在合同管理过程中，实际履行时往往会产生这样或那样的争议。对于国际工程合同而言，争议解决方式一般为先进行友好协商，待协商未果再提交第三方仲裁。虽然仲裁具有很强的灵活性、便利性、专业性、快捷性等优点，但仲裁裁决能否得到有效、切实执行是承包商不得不权衡的问题。否则，即使承包商仲裁胜诉，仲裁裁决得不到有效执行，承包商的合法权益也未必能得到保障和实现。

综上所述，国际工程总承包项目合同管理是国际工程总承包项目管理的核心，从招投标、谈判、签订、执行到合同关闭都贯穿整个工程项目实施过程，每一个环节都很重要。中国企业在实施"走出去"战略过程中，需要高度重视工程项目合同管理，打造专业化的合同管理团队，只有这样才能够在激烈的国际竞争中使承包商处于相对优势的地位，有效地降低、规避、转移合同风险，为项目顺利实施提供充分的保障。

资料来源：《以案说法 | 国际工程总承包项目合同管理实践评析——以哈萨克斯坦芳烃项目为例》2021-09-23　14：05（公众号：广信君达律师事务所）

本章小结

1.内容

（1）主要内容：合同管理的概念；合同的基本类型；招标方式；合同控制；索赔管理。

（2）重点：合同类型。

（3）难点：索赔管理。

2.要求

熟悉工程项目合同的基本类型；工程项目合同管理内容；基本掌握工程项目合同策划的过程，了解招标方式和索赔管理。

思考练习

1.按《中华人民共和国招投标法》规定，招标有哪些方式？

2.常见的合同类型有哪些？

3.成本加酬金合同有什么应用条件？

4.简述索赔处理的过程。

习题解答

第七章　习题答案

第8章　建设工程项目信息管理

◀ 知识目标

　　了解工程项目信息与信息管理的概念；熟悉信息管理系统；掌握信息处理的方法。

◀ 能力目标

　　具备运用信息管理理念及相关信息技术（如 BIM 技术）进行信息管理的能力。

◀ 思政目标

　　在讲解信息管理过程中适时引入"与时俱进""高质量发展"等思政元素。

◀ 思维导图

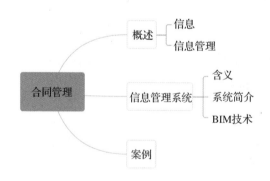

8.1　概　　述

信息是进行管理的基础,也是实行有效控制的基础。管理工作的成败,在很大程度上取决于能否做出有效的决策,而决策的正确程度取决于占有信息的数量和质量。项目经理人是项目管理的焦点人物,只有他们对下属、客户、厂商进行有效的管理,加强交流,才能保证项目完成的高效率和高质量。

8.1.1　信　　息

1.信息的概念

世界上对信息的定义有数百种。管理信息系统中对信息的定义为:信息是经过加工后的数据,数据是信息的载体,信息是数据的内涵。两者的关系如图 8-1 所示。也有学者认为,信息是指音讯、消息;通讯系统传输和处理的对象,泛指人类社会传播的一切内容。项目信息是指报告、数据、计划、安排、技术文件、会议等与项目实施有联系的各种信息。

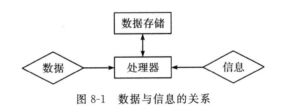

图 8-1　数据与信息的关系

2.信息的特征

(1)客观性

信息是对客观实际的反映,因而它应该真实反映客观情况。对于项目而言,就要求项目中获得的信息以及在项目组内流通的信息务必是正确的,项目执行过程中,必须有一套保证信息正确、完整、及时的机制。

(2)可存储性

存储性是指存档的合理性与有序性。信息常见的存储方式有大脑、文字载体、音像载体和数字文档载体等。计算机时代的信息在存储时尤其要注意信息的保密和安全。

(3)可传递性

信息通过媒体进行传递和传播。传播方式有广播、电报、传真、电话、短信、电视、网络等。

(4)可加工性

信息可以进行形式上的转换,可以从一种载体转换到另一种载体,可以通过数学统计的方法加工处理得出新的有用信息。

（5）可共享性

信息能够分享，这是不同于物质的显著特征，从而使之成为一种特殊资源，且信息可以被不同的使用者加以利用，而信息本身没有损耗。与干系人（项目利益相关方或项目组内成员）共享项目信息正变得越来越普遍，当项目信息共享时，就促进了干系人的协作。信息共享有利于成员之间的协作。

除了以上特性外，信息还具有时效性、价值性和保密性等其他特性。

3. 管理信息

管理信息是以文字、数据、图表、音像等形式描述的，能够反映管理组织中各种业务活动在空间上的分布和时间上的变化程度，并对组织的管理决策和管理目标的实现有参考价值的数据和情报资料。

为了有效地对信息加以分析和利用，就要对信息进行科学的分类。管理信息按信息来源可分为内生信息、外生信息；按组织层次可分为计划信息、控制信息、作业信息；按产生时间可分为历史信息、现时信息、未来信息；按信息稳定性可分为固定信息、流动信息等。

8.1.2　信息管理

信息管理是人类为了有效地开发和利用信息资源，以现代信息技术为手段，对信息资源进行计划、组织、领导和控制的社会活动。

工程项目信息管理是指对项目信息的收集、整理、处理、储存、传递与应用等一系列工作的总称，其目的是通过信息传输的组织和控制为项目建设提供增值服务，确保项目的所有利益相关方（包括项目组织内部）都可以定期获得相应的信息，以便更为有效地对项目工作实施控制。工程项目信息管理的主要内容有项目信息收集、传递、加工、存储、维护和使用等。

1. 收集信息

收集信息先要识别信息，确定信息需求。而信息的需求要从项目管理的目标出发，从客观情况调查入手，并以主观思路规定数据的范围。项目信息的收集，应按信息规划，建立信息收集渠道的结构，即明确各类项目信息的收集者、收集者为何人，从何处收集，采用何种收集方法，所收集信息的规格、形式，何时进行收集信息的收集，最重要的是必须保证所需信息的准确、完整、可靠和及时。

2. 传递信息

传递信息同样也应建立信息传递渠道的结构，明确各类信息应传输至何地，传递给何人，何时传输，采用何种方式传输等。应按信息规划规定的传递渠道，将项目信息在项目管理的有关各方、各个部门之间及时传递。信息传递者应保持原始信息的完整、清楚，使接收者能准确地理解所接收的信息。

3. 加工信息

数据经加工后成为预备信息或统计信息，再经处理、解释后才成为信息。只有占有必要的信息，才能做出正确决策。项目管理信息的加工和处理应明确由哪个部门、何人负责,并明确各类信息加工、整理、处理和解释的要求,加工、整理的方式,信息报告的格式,信息报告的周期等。不同管理层次的信息加工者应提供不同要求和不同浓缩程度的信息。工程项目的管理人员可分高级、中级和一般管理人员,不同等级的管理人员所处的管理层面不同,他们实施项目管理的工作、任务、职责也不相同,因而所需的信息也不相同。在项目管理的班子中,由下而上的信息应逐层浓缩,而由上而下的信息应逐层细化。

4．储存信息

储存信息的目的是将信息保存起来以备处理和使用。储存信息应明确由哪个部门、谁操作;存储在什么介质上;怎样分类;如何有规律地进行存储。要存什么信息、存多长时间、采用的信息存储方式主要应由项目管理的目标确定。

5．信息的维护与使用信息的维护

信息的维护与使用信息的维护是保证项目信息处于准确、及时、安全和保密的合理状态,能够为管理决策提供有用的帮助。

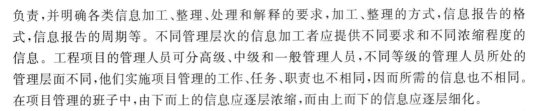

8.2　管理信息系统

在项目管理中,管理信息系统是将各种管理职能和管理组织相互沟通并协调一致的"神经系统"。它包括项目过程中信息管理的组织(人员)、相关的管理规章、管理工作流程、软件、信息管理方法(如储存、沟通和处理方法)以及各种信息和信息的载体等。

8.2.1　工程项目管理信息系统的含义

工程项目管理信息系统也称项目规划和控制信息系统,它是针对工程项目的计算机应用软件系统,它通过及时地提供工程项目的有关信息,支持项目管理人员进行项目规划以及在项目实施中控制项目目标,即费用目标、进度目标和质量目标。

工程项目管理团队需要信息,用来连续监控、评估和控制项目中所使用的资源。同样,更高级别的管理层必须时刻知道项目的状况,以实现它的战略责任。而项目状况需要高级管理人员或项目所有者的积极参与。

为实现资源共享,提高数据处理的效率和质量,应建立计算机辅助管理系统。软件系统是按照总体规划、标准和程序,根据需要,经一个个子系统的开发来实现。

工程项目管理信息系统是一个由几个功能子系统的关联而合成的一体化的信息系统,它的特点是:提供统一格式的信息,简化各种项目数据的统计和收集工作,使信息成本降低;及时全面地提供不同需要、不同浓缩程度的项目信息,从而可以迅速做出分析解释,及时产生正确的控制,完整系统地保存大量的项目信息,能方便、快速地查询和综合,为项目管理决策提供信息支持;利用模型方法处理信息,预测未来,科学地进行决策。

8.2.2 工程项目管理信息系统简介

项目管理信息系统(project management information system,PMIS)是基于计算机的项目管理的信息系统,主要用于项目的目标控制。

项目管理信息系统以计算机为手段,进行项目管理有关数据的收集、记录、存储、过滤和把数据处理的结果提供给项目管理班子的成员。它是项目进展的跟踪和控制系统,也是信息流的跟踪系统。

在20世纪70年代末和80年代初,国际上已有项目管理信息系统的商品软件,项目管理信息系统现已被广泛用于业主方和施工方的项目管理。应用项目管理信息系统的主要意义有以下几点:

(1)实现项目管理数据的集中存储。

(2)有利于项目管理数据的检索和查询。

(3)提高项目管理数据处理的效率。

(4)确保项目管理数据处理的准确性。

(5)可方便地形成各种项目管理需要的报表。

一个完整的工程项目管理信息系统主要由费用控制子系统、进度控制子系统、质量控制子系统、合同管理子系统、行政事务处理控制模块和公共数据库组成,其结构如图8-2所示。

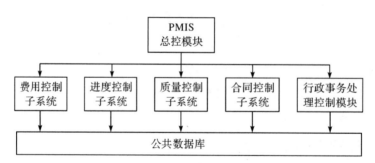

图 8-2 数据与信息的关系

工程项目管理信息系统的功能:

(1)投资控制(业主方)。

(2)成本控制(施工方)。

(3)进度控制。

(4)合同管理。

有些工程项目管理信息系统还包括质量控制和一些办公自动化的功能。

工程项目管理信息系统中的各子系统与公共数据库相连并进行数据传递和交换,使项目管理的各种职能任务共享相同的数据,减少数据的冗余,保证数据的兼容性和一致性。集中统一规划的数据库是工程项目管理信息系统成熟的重要标志。数据库具有自己功能完善的数据库管理系统,它对一个系统中数据的组织、数据的传输、数据的存取等进行统一集中的管理,使数据为多种用途服务。

基于互联网和大数据,协同管理平台成为项目管理及信息管理的趋势。图 8-3 为项目协同与控制信息平台(PCCI)示例。

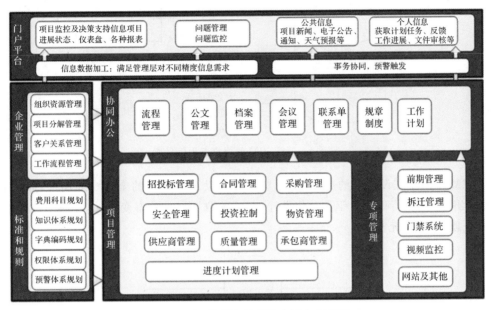

图 8-3　项目协同与控制信息平台(PCCI)

8.2.3　建筑信息模型(BIM)

1. BIM 技术的概念

BIM,即建筑信息模型(building information modeling),是以建筑工程项目的各项相关信息数据作为基础,建立建筑模型,通过数字信息仿真模拟建筑物所具有的真实信息。它具有可视化、协调性、模拟性、优化性和可出图性五大特点。

BIM 技术是一种应用于工程设计、建筑和管理的数据化工具,通过参数模型整合各种项目的相关信息,在项目策划、运行和维护的全生命周期过程中进行共享和传递,使工程技术人员对各种建筑信息作出正确理解和高效应对,为设计团队以及包括建筑运营单位在内的各方建设主体提供协同工作的基础,在提高生产效率、节约成本和缩短工期方面发挥重要作用。

BIM 既是模型结果(Product)更是过程(Process)。BIM 作为模型结果,与传统的 3D 建筑模型有着本质的区别,其兼具物理特性和功能特性。其中,物理特性,可以理解为几何特性;而功能特性,是指模型具备所有一切与该建设项目有关的信息;BIM 是一种过程,其功能在于通过开发、使用和传递建设项目的数字化信息模型以提高项目或组合设施的设计、施工和运营管理。

BIM 技术的核心是通过建立虚拟的建筑工程三维模型,利用数字化技术,为这个模型提供完整的、与实际情况一致的建筑工程信息库。该信息库不仅包含描述建筑物构件的几何信息、专业属性及状态信息,还包含了非构件对象(如空间、运动行为)的状态信息,如图 8-4 所示。

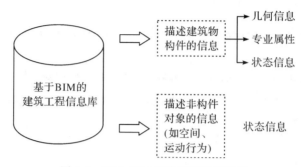

图 8-4　基于 BIM 的建筑工程信息库

BIM 不限于在设计中的应用,也可应用在建设工程项目的全寿命周期中,如图 8-5 所示。用 BIM 进行设计属于数字化设计;BIM 的数据库是动态变化的,在应用过程中不断在更新、丰富和充实。

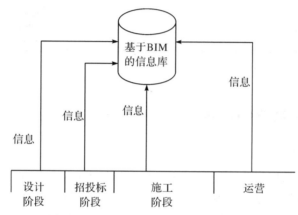

图 8-5　基于 BIM 的全生命周期信息管理

2.BIM 的信息载体和实现手段

BIM 的信息载体是多维参数模型,可以用简单的等式来体现 BIM 参数模型的维度:

(1)2D＝Length & Width

(2)3D＝2D＋Height

(3)4D＝3D＋Time

(4)5D＝4D＋Cost

(5)6D＝5D＋…(日照分析、暖通负荷、节能设计等)

(6)nD＝BIM

BIM 的实现手段是软件,与 CAD 技术只需要一个或几个软件不同的是,BIM 需要一系列软件来支持,如图 8-6 所示。对于 BIM 软件各个类型的罗列图,除 BIM 核心建模软件之外,BIM 的实现需要大量其他软件的协调与帮助。一般可以将 BIM 软件分成以下两大类型:

(1)BIM 核心建模软件,包括建筑与结构设计软件、机电与其他各系统设计软件等。

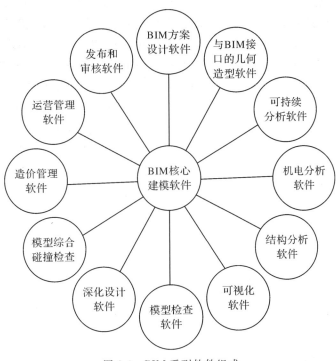

图 8-6 BIM 系列软件组成

（2）基于 BIM 模型的分析软件，包括结构分析软件、施工进度管理软件、制作加工图的深化设计软件、概预算软件、设备管理软件和可视化软件等。

3.BIM 的价值优势

对于业主最关心的工程造价、工期、项目性能是否符合预期等指标，BIM 所带来的价值优势是巨大的。

（1）缩短项目工期。利用 BIM 技术，可以通过加强团队合作、改善传统的项目管理模式、实现场外预制、缩短订货至交货之间的空白时间等方式大大缩短工期。

（2）更加可靠与准确的项目预算。基于 BIM 模型的工料计算相比基于 2D 图纸的预算更加准确，且节省了大量的时间。

（3）提高生产效率、节约成本。由于利用 BIM 技术可大大加强各参与方的协作与信息交流的有效性，使决策的做出可以在短时间完成，减少了复工与返工的次数，且便于新型生产方式的兴起，如场外预制、BIM 参数模型作为施工文件等，显著提高了生产效率、节约了成本。

（4）高性能的项目结果。BIM 技术所输出的可视化效果可以为业主校核是否满足要求提供平台，且利用 BIM 技术可实现耗能与可持续发展的设计与分析，为提高建筑物、构筑物等的性能提供技术手段。

（5）有助于项目的创新性与先进性。BIM 技术可以实现对传统项目管理模式的优化，如一体化项目管理模式 IPD(inegrated project delivery mode)下各参与方早期参与设计。群策群力的模式有利于吸取先进技术与经验，实现项目创新性与先进性。

（6）方便设备管理与维护。利用 BIM 竣工模型作为设备管理与维护的数据库。

BIM 技术对建造师的应用价值主要体现在：优化设备吊装方案，提升施工质量；优化材料运输方案，提高施工效率；合理安排工期，避免"用工慌乱"；实时提取工程量，合理安排工程资金；虚拟设计协调，提高施工管理；提高施工质量，降低工程造价等。

与其他行业相比，建筑物的生产是基于项目与协作的，通常由多个平行的利益相关方在较长的时间段协作完成。建筑业的信息化尤其依赖在不同阶段、不同专业之间的信息传递标准，即需建立一个全行业的标准语义和信息交换标准，否则将无法整体实现 BIM 的优势和价值。此外，BIM 标准对建筑企业的信息化实施具有积极的促进作用，尤其是涉及企业中的业务管理与数据管理的软件，均依赖标准化所提供的基础数据、业务模型，从而促进建筑业管理由粗放型管理转向精细化管理。

8.3　案　例

8.3.1　项目概况

本案例为某医院项目 BIM 绿色智慧技术综合应用，项目效果如图 8-7 所示。该工程施工难点主要有：厚大体积混凝土施工、洁净工程要求高、重点专业医疗设备安装要求高、专业系统多、大型专业医疗设备安装调试时间长、对周边建筑物的保护要求高等。工程施工重点考虑：总平面管理、扰民影响、工程体量、专业分包。该工程亮点包括：BIM 5D 管理平台、基于 BIM 技术的精细化管理、精益建造、四新技术等。

图 8-7　项目效果

8.3.2　采用 BIM 技术的原因

（1）业主积极推行以 BIM 协同管理平台和项目管理平台为重点的信息化建设,积极推广 BIM 技术在政府公共工程建设领域的应用,推动建筑业转型升级。

（2）综合性医疗类项目作为众多项目类型中较为复杂的项目,应用 BIM 技术进行施工过程多维度管控进而打造优质医疗工程。

（3）本项目涉及的专业及医疗科研科室多,会出现设计错误多的情况,过多错误将导致后期施工时变更增多、成本控制难度加大、工期保障困难,通过应用 BIM 技术将设计错误前置,尽可能避免出现前述情况。

（4）本项目体量很大,对工程管理提出了很高的要求,传统二维设计方式,设计深度不够,应用 BIM 技术提前进行施工深化,可为施工建造过程保驾护航。

（5）作为综合性医疗类重大民生工程,本项目施工工期保证、投资保证、质量保证、安全保证要求高,通过应用 BIM 技术,搭建多维度项目管控平台,可提升管理沟通效率;利用 BIM 技术进行工程量精细化算量、对量节约投资成本;基于平台进行施工质量安全常态化管控,打造施工质量安全管理示范工地。

（6）为满足室内通风、温湿度、净空高度、完善的使用功能要求,建筑各专业管线多且密,对于科研工作开展,监控传感设备多、布线复杂,各专业间的协调和沟通难度大,容易出现施工错误。以 BIM 技术为依托,三维可视化详细推敲每个功能房间的建造细节,与项目使用方长实现最大程度满足建筑功能需求的精益建造期细致开展一、二、三级流程设计方案修订工作,将建筑使用功能沟通延伸至开关插座挂帘布置级别,从而实现最大程度满足建筑功能需求的精益建造。

8.3.3　BIM 总体策划方案

1.目标

基于 BIM 技术,实现医院项目以设计标准化为源头,从立项、规划审批、施工图设计、工程施工管理和竣工及运维的标准化管理,建立项目全过程 BIM 应用模式。通过项目管理平台建设,实现各参建方基于 BIM 全过程高效协调综合应用,降低项目总体成本,如图 8-8 所示。

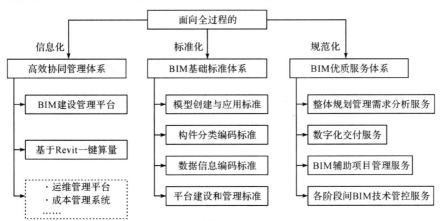

图 8-8　全过程 BIM 应用模式

2.管理思路

通过 BIM 在设计、施工的应用,贯彻以模型为基础理念,在建模过程中发现设计问题,提高设计精度,加快设计图纸定版速度,减少设计变更。

本项目因项目施工管理难度较大,特别是"施工安全管理"乃是重中之重,而安全隐患难以杜绝。因此在本项目上,通过建设智慧工地云平台,集成 BIM、IOT、云计算等技术,通过对施工现场"人、机、料、法、环"的自动感知和智能监测,有效降低施工安全隐患,提升管理效能。项目操作系统如图 8-9 所示。

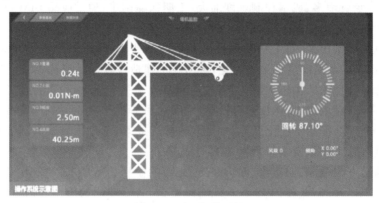

图 8-9　项目操作系统

8.3.4　BIM 应用创新点

1.全球首创 PC/VR 双模编辑

让设计回归创意,把其他交给科技。PC 一键切换 VR,沉浸式体验,并支持在 VR 中编辑设计场景,在场景中真实感受建筑尺度,如图 8-10 所示。

图 8-10　PC/VR 双模编辑

2.BIM 云协同

BIM 云协同平台可进行设计协同管理,其以 BIM 模型为基础、以信息为核心,实现项目资源共享、标准落地、信息协同、成果管理、数据分析等。

3.BIM 深化设计流程

使用 Revit、Takla 软件进行复杂节点建模、钢结构预留预埋模拟,使用 Navisworks 软件进行模型综合,对施工复杂节点进行三维可视化模拟,如图 8-11 所示。

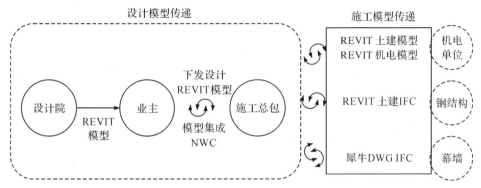

图 8-11　BIM 深化设计流程

4.管线综合优化

利用 BIM 技术进行管线综合优化,如图 8-12 所示。

图 8-12　管线综合优化

5.BIM 施工模拟交底

(1)直线加速器机房:直线加速器区域有防辐射需求,无法实现后期开洞,并且为大体积混凝土施工。通过 BIM 技术对每一项施工步骤进行模拟。直加结构施工前需先进行支护及土方开挖;结构施工分为 4 段进行,分别为底板、墙体、顶板以及顶板加厚区施工;施工重难点主要为控制混凝土密实度,保证不出现裂缝。从模板安装到混凝土浇筑,再到后期养护均需按要求严格控制施工质量,确保一次成型。如图 8-13 所示。

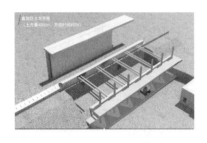

图 8-13　直线加速器机房施工三维

　　(2)钢抛撑换撑:因项目周边环境复杂,为保证基坑支护结构安全,设计采用反压土台加支护桩形式进行基坑支护,反压土台区域开挖时需要先施工钢结构抛撑,支撑稳定后再开挖反压土区,随该区域主体结构施工再逐步拆除钢抛撑。如图 8-14 所示。

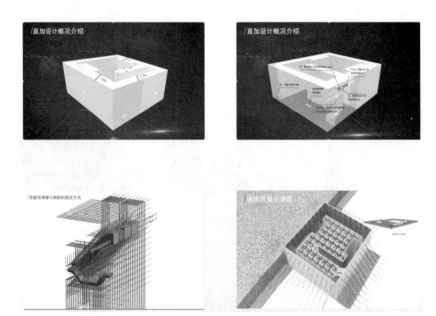

图 8-14　钢抛撑换撑三维

6.装配式机房施工

运用物联网技术、BIM 技术实现物质供应链,模拟机房装配方案,实现全过程精细化管理,将传统机电施工流程直接推向模块化、工厂化;严格按照 BIM 深化图纸排布,实行动态跟踪,并及时更新模型,达到零碰撞、零返工。

7.虚拟仿真漫游

通过全景效果图、VR 等可视化技术,结合医疗工艺流程,提供身临其境的感受,对输液区、洁净走廊、手术室、护士站等区域效果进行方案推敲,辅助设计人员对成果进行优化,如图 8-15 所示。

大厅

输液区

手术室

护士站

洁净走廊

手术室

图 8-15　虚拟仿真漫游

8.安全管理

根据 BIM 模型对整个施工场地确定危险源,并制作成相对应的二维码。将施工现场划分责任区并拟定责任人,扫码检查。无论是否存在安全隐患,检查结果上传至 BIM 手机终端平台,发现问题定时、定责任人完成整改并上传闭合。所有信息自动上传到 BIM 管理协同平台便于查看,使现场通过信息化手段时刻处于常态化安全管理之中。如图 8-16 所示。

图 8-16　管道安全检查

9.智慧工地

建筑工程因项目施工管理难度较大,特别是"施工安全管理"乃是重中之重,而安全隐患难以杜绝。因此,智慧工地管理平台应运而生,其通过对"人、机、料、法、环"的感知监测,有效降低施工安全隐患,提升管理效能。

8.3.5 总 结

设计阶段:优化方案 150 处,减少了一个月的方案设计周期,项目品质高度提升。减少一半以上各专业及医疗专项沟通时间。实现全员参与项目,了解项目设计和施工进度情况。

施工阶段:加快了设计周期,优化了设计方案,为现场施工技术方案确定提供了至少 3 个月的时间。基于 BIM 的高精砌体排砖为项目高精砌体免抹灰工艺提供了强大的技术支持,保证了免抹灰工艺的顺利实施,节省工期超过 2 个月,实现项目创效超过 300 万元。基于 BIM 的项目管理协同提升了项目管理效率,设计、建设方、施工总包、专业分包的 BIM 协同,减少了大量的冗余会议。

BIM 技术的运用还有助于该项目运营期间设备的管理与维护,如图 8-17 所示。

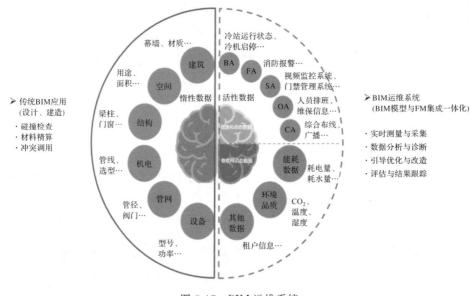

图 8-17 BIM 运维系统

资料来源:《医院项目 BIM 绿色智慧技术综合应用》2022-08-21 08:00(公众号:Hello BIM 资源库)

本章小结

1.内容

(1)主要内容:信息的概念;工程项目信息管理的概念;工程项目信息管理系统;BIM 技术。

(2)重点:工程项目信息管理系统。

（3）难点：BIM 技术。

2.要求

熟悉工程项目信息和信息管理的概念；工程信息管理系统简介；基本掌握工程项目信息管理的主要内容，了解 BIM 技术。

思考练习

1.判断：信息具有主观能动性。（　　　）

2.判断：在信息泛滥的环境下我们要具备驾驭信息的能力，不能作信息的奴隶。（　　　）

3.判断：信息是通信系统传输和处理的对象，泛指人类社会传播的一切内容。（　　　）

A.直线式　　　　　B.职能式　　　　　C.矩阵式　　　　　D.项目式

4.简述什么是 BIM 技术。

习题解答

第八章 习题答案

参考文献

[1] 丁士昭. 工程项目管理[M]. 北京:中国建筑工业出版社,2014.

[2] 从培经. 工程项目管理[M]. 北京:中国建筑工业出版社,2012.

[3] 陈勇. 工程项目管理[M]. 北京:清华大学出版社,2016.

[4] 刘先春. 工程项目管理[M]. 武汉:华中科技大学出版社,2018.

[5] 李伯鸣,卫明. 工程项目管理信息化[M]. 北京:中国建筑工业出版社,2013.

[6] 注册咨询工程师(投资)职业资格考试参考教材编写委员会. 工程项目组织与管理[M]. 北京:中国计划出版社,2022.

[7] 全国一级建造师执业资格考试用书编写委员会. 建设工程项目管理[M]. 北京:中国建筑工业出版社,2023.

[8] 陈新元. 工程项目管理:FIDIC 施工合同条件与应用案例[M]. 北京:中国水利水电出版社,2009

[9] 何成旗. 工程项目成本控制[M]. 北京:中国建筑工业出版社,2013

[10] 张水波,陈勇强. 国际工程合同管理[M]. 北京:中国建筑工业出版社,2011.

[11] 王祖和. 现代项目质量管理[M]. 北京:中国电力出版社,2014

[12] 王瑞文. 海外石油钻探项目 HSE 管理能力评价体系研究[M]. 武汉:中国地质大学出版社,2013

[13] 戚安邦. 项目成本管理[M]. 北京:中国电力出版社,2014

[14] 沈炳江. 建设工程项目 EPC 总承包合同管理[J]. 石油化工建设,2013(3):55-57.

[15] 张军辉. 工程项目质量管理[M]. 北京:中国建筑工业出版社,2014.

[16] 刘小平. 建筑工程项目管理[M]. 2 版. 北京:高等教育出版社,2014.

[17] 李慧. 基于全过程造价管理的工程造价动态控制[J]. 中国招标,2023(01):107-109.

[18] 黄禾辛. 城市公共建筑全过程工程造价动态控制与管理工作研究[J]. 房地产世界,2022(09):101-103.

[19] 杨涛. 基于全过程造价管理的施工阶段工程造价动态控制[J]. 工程技术研究,2022,7(06):138-141.

[20] 张永斌. 建筑工程造价的特点及动态控制实施策略[J]. 中国建筑装饰装修,2021(08):114-115.